미니 굴삭기 퍼펙트 매뉴얼

PERFECT
MANUAL

01

시골 생활에 도움 될 미니 굴삭기 완벽 활용법

한솔스쿨

KOMATSU
KOMATSU
KOM

미니 굴삭기로
새로운 생활을 만들어 보세요

귀농 귀촌을 준비하고 있습니까?

시골 문화를 이해하고 농사짓는 법을 배우는 것뿐만 아니라 시골살이에 큰 보탬이 될
미니 굴삭기를 배우는 일도 빼놓지 마세요. 농사를 짓지 않더라도 땅을 파는 일이 많을
시골 생활의 든든한 조력자로 미니 굴삭기를 추천합니다.

힘든 일을 돕는 일꾼이 필요합니까?

구덩이나 도랑을 파는 일, 흙이나 잡초, 거름 더미 등을 치우는 일, 땅을 정리해서
작은 창고나 농막을 짓는 일 등 사람 손으로 하면 하루 종일 걸릴 일도 미니 굴삭기를
이용하면 몇 시간 만에 끝낼 수 있습니다.

로봇 조종하는 꿈을 꾼 적이 있습니까?

만화 영화에서 사람이 타고 조종하는 로봇을 본 기억이 있지요? 너무 크지 않아서
데리고 다니거나 보관하기도 부담스럽지 않는 로봇이었지요. 미니 굴삭기가 그런 로봇처럼
내 뜻대로 일을 척척 해결할 때 기분이 좋습니다.

시험 없이 면허를 받을 수 있습니다

복잡하고 어려운 이론을 외우고 조종법을 익히느라 몇 달 동안 학원을 다녀도
필기, 실기 시험 통과하기가 어렵다면 추천하지 않습니다. 미니 굴삭기 면허는
정해진 시간 동안 교육을 받기만 하면 쉽게 면허를 받을 수 있습니다.

CONTENTS

전문가에게 묻다
중기로 무엇을 할 수 있습니까?

우리가 중기로 한 일

미니 굴삭기 퍼펙트 매뉴얼

초판 1쇄 펴낸날 2017년 1월 18일

펴낸이 최만영 | **기획 편집** 정보영 | **디ㅈ-인** 최성수, 이이환 | **지은이** 지구환출판사 | **옮긴이** 정연숙
마케팅 박영준, 신희용 | **영업관리** 김효순 | **제작** 김용학, 강명주
펴낸곳 (주)한솔수북 | **출판등록** 제201ㅌ-000276호 | **주소** 03996 서울시 마포구 월드컵로 96 영훈빌딩 5층
전화 02-2001-5820(편집), 02-2001-5828(영업) | **팩스** 02-2060-0108
전자우편 isoobook@eduhansol.co.kr | **블로그** 3040school.blog.me

ISBN 979-11-7028-121-4 13550

이 도서의 국립중앙도서관 출판예정도서목록(CIP)은 서지정보유통지원시스템 홈페이지(http://seoji.nl.go.kr)와
국가자료공동목록시스템(http://www.nl.go.kr/kolisnet)에서 이용하실 수 있습니다. (CIP제어번호 : CIP2017000102)

한솔스쿨 새로운 인생을 준비하는 방법

중기 활용 매뉴얼

JUKI PERFECT MANUAL

Copyright © 2011 by The Whole Earth Publications Co., Ltd.

All rights reserved.

No part of this book may be used or reproduced in any manner whatsoever without written permission except in the case of brief quotations embodied in critical articles and reviews.

Originally published in Japan by The Whole Earth Publications Co., Ltd.

Korean Translation Copyright © 2016 Hansol Soobook

Korean edition is published by arrangement with The Whole Earth Publications Co., Ltd. through BC Agency.

이 책의 한국어 판 저작권은 BC에이전시를 통한 저작권자와의 독점 계약으로 한솔수북에 있습니다.

저작권법에 의해 한국 내에서 보호를 받는 저작물이므로 무단전재와 복제를 금합니다.

우츠 아키오
치바현 이치하라시에 있는 WILD
LIFE 주식회사 대표이자 통나무집
디자이너로 핸드메이드 통나무집
디자인과 시공을 하고 있다. 체인 톱
기술자로도 유명하며 체인 톱 기술
경연대회에서 여러 차례 수상한 기
록을 가지고 있다.

중기로 무엇을 할 수 있습니까?

**한 단어로 간단하게 '중기'라고는 하지만 그 종류와 크기는 매우 다양하다.
그 중에서도 DIY용 중기라고 한다면 미니 굴삭기와 트럭 탑재형 크레인이 가장 대표적일 것이다.
미니 굴삭기과 트럭 탑재형 크레인이 있으면 어떤 일을 할 수 있을까?
중기 전문가에게 물어보았다.**

'중기(重機)'는 '건설 기계' 또는 '건기(建機)'의 또 다른 호칭이다. 제조사에 따라 소형 건기는 중기라고 하지 않는 곳도 있지만 이 책에서는 잠정적으로 모두 중기라고 지칭한다. 물론 아마추어의 관점에서 비롯된 호칭이기는 하다.

취재·글=마에다 나루히코_Office221 / 촬영=카니 유카

미니 굴삭기

로봇을 조종하듯
즐겁게 작업할 수 있다

건물을 짓기 위한 기반 조성, 길 닦기, 화단 만들기, 텃밭 만들기 등 흙을 파는 작업에 있어 크롤러(crawler)식 유압 굴삭기는 빠질 수 없는 중기이다. 능숙하게만 사용할 수 있다면 작업 효율을 확실하게 올릴 수 있다. 유압 굴삭기는 유압을 사용해 버킷(bucket)을 움직여 흙을 퍼 올리는 일을 하는데, 사람의 손을 사용해 팔 경우 몇 시간이 걸릴 구덩이를 단 몇 분만에 파는 것이 가능하다.

그렇다면 다양한 유압 굴삭기 중에서 무엇을 선택하는 것이 좋을까? 이때 중요한 것은 '유압 굴삭기를 사용해 무엇을 할 것인가' 하는 것이다. 우선, 사용 목적을 다시 한번 생각해 보기 바란다. 목적에 따라 선택할 기종이 바뀐다.

이 책을 읽고 있는 사람들 중에는 직접 자기 손으로 통나무집을 짓는 것에 흥미를 갖고 있는 사람도 많을 것이다. 예를 들어 자기 소유의 부지 내에 10m² 정도의 여가용 오두막을 자기 손으로 지으려고 한다면 미니 굴삭기를 추천한다. 미니 굴삭기란 중량 6톤 미만의 유압 굴삭기를 말하지만, 여가용 오두막을 짓는 데에는 좀 더 작은 3톤 미만의 유압 굴삭기로도 충분하다.

3톤 미만 유압 굴삭기는 구덩이를 파는 것뿐만 아니라 지면을 고르고, 나무를 베어 넘어뜨리는 것도 가능하다. 기종에 따라서는 버킷에 크레인용 후크(hook)를 장착해 화물을 들어 올리는 것도 가능하다. 따라서 미니 굴삭기 한 대만 가지고 있어도 작업의 폭은 크게 확장된다.

유지 관리는 그다지 어렵지 않다. 취급 설명서를 확인하고 일상적인 유지 관리를 즐기며 하면 된다.

중기가 갖는 최대의 매력은 조종의 즐거움이다. 누구나 어린 시절 TV나 애니메이션을 보면서 로봇 조종석에 앉아 보고 싶다는 생각을 해 보았을 것이다.

미니 굴삭기를 비롯한 중기를 직접 작동하는 것은 즐거운 일이다. 레버를 철컥철컥 자유롭게 움직이면서 중기로 작업하는 즐거움을 맛보기 바란다.

트럭 탑재형 크레인

트럭 화물칸에 크레인이
달려 있어 쓸모가 많다

견인 하중 5톤 미만(주로 3톤 미만)의 트럭 탑재형 크레인은 많은 매력을 가진 중기이다. 우선 물건을 들어 올릴 수 있다. 그리고 들어 올린 물건을 이동하거나, 운반할 수도 있다. 이 기능이 가장 콤팩트하게 구성되어 있는 중기이기 때문에 트럭 탑재형 크레인 한 대만 가지고 있어도 유용할 때가 매우 많다.

화물의 크기, 길이 등은 다양하지만 통나무집을 지을 때 사용되는 통나무의 경우, 4미터 정도까지는 2톤 크레인으로 해결할 수 있다. 4미터 이상이라면 4톤 크레인이 적당하다. 4톤 크레인은 6미터 정도의 통나무를 들어 올리는 것까지도 가능하다. 따라서 여가용 오두막을 짓고자 한다면 견인 하중 2톤 트럭 탑재형 크레인으로 충분할 것이다.

그 이상의 경우라면 풀 크레인이 필요하다. 풀 크레인은 화물을 적재할 수는 없지만 들어 올릴 수 있는 화물의 무게는 크게 증가한다. 상량 등 대규모 작업을 할 때 아주 유용하며, 거의 전문가와 같은 작업을 할 수 있다. 그러나 일반인이 단지 취미 생활을 위해 풀 크레인을 소유한다는 것은 현실적으로 불가능하다. 만약 풀 크레인이 필요한 경우라면 렌탈하는 것이 좋다.

트럭 탑재형 크레인을 사용해 실제 화물을 매달아 들어 올리는 방법에 대해서는 뒷부분에서 자세히 설명하겠지만 트럭 탑재형 크레인도 풀 크레인도 작업 방식에 있어서는 별다른 차이가 없다. 다만 크레인은 넘어지기 쉬운 중기이므로 안전에 세심한 주의를 기울여야 한다. 반드시 성능 범위 안에서 작업해야 하며, 혼자서는 절대로 작업하지 않는 것이 좋다. 동료와 함께 들어 올릴 화물의 중심을 어디로 할 것인지 등을 의논하고, 들어 올린 화물이 사각에 있을 경우 신호를 보내는 등 안전을 확인하고 서로 협력해가며 작업하기를 바란다. 화물을 매달아 들어 올리는 양중 작업에 대한 지식도 필수적이다. 반드시 관련 교육을 통해 자격을 취득해야 한다.

트럭 탑재형 크레인의 유지 관리 역시 미니 굴삭기와 마찬가지로 그다지 어렵지 않다. 취급 설명서를 보고 구조를 잘 이해한 다음 사용해 보기 바란다.

미니 굴삭기

장비 중량 6톤 미만
작아도 파워는 충분!

후방 선회를 최소화한 타입

현재 미니 굴삭기의 주류. 운전석 뒤 돌출부가 작아서 좌우로 선회할 때의 안전성이 높다. 암 부분을 좌우로 움직일 수 있기 때문에, 벽체 굴삭도 쉽게 할 수 있다.

이 책에서 다루는 중기의

트럭 탑재형 크레인

적상 하중 3톤 미만
기동력 좋아서 편리!

소형 트럭에
크레인을 탑재한 타입

2톤 트럭 등 비교적 친숙한 트럭에 크러인 장치를 탑재한 차량이 도로를 운행하는 것을 자주 보게 된다. 편리해서 사용자가 많은 편이다.

이 책에서는 취미 생활을 위해 다루게 되는 두 종류의 소형 중기, 미니 굴삭기와 트럭 탑재형 크레인을 기본으로 소개한다.

미니 굴삭기는 말 그대로 소형 크롤러식 유압 굴삭기를 말한다. 유압 굴삭기는 암(arm)을 사용해 주로 지면 보다 아래에 있는 흙 따위를 파거나 긁어모으는 기계이다. 흔히 알고 있는 '포클레인'은 굴삭기를 생산하는 프랑스 기업의 이름이다.

유압 굴삭기 중에서 장비 중량 6톤 미만인 것을 미니 굴삭기라고 한다. '장비 중량'이란 기계를 실제 작업이 가능한 상태로 만든 운전 정비 중량으로, 미니 굴삭기 특유의 암을 포함한 전체 무게를 말한다.

한편 암을 제외한 기계 본체의 건조 중량을 '기체 중량'이라고 하며, 운전 자격은 이 기체 중량을 기준으로 나뉜다. 실제 작업에서는 암 그 자체보다는 암의 앞부분에 있는 버킷의 용량 등이 보다 큰 영향을 주기 때문에 전문가들은 장비 중량을 그다지 중요하게 여기지 않는 경향이 있다.

선회를 최소화한 타입

암을 위로 올리면 기계 본체 면적 중심에 거의 들어맞는 타입으로 최근 증가 추세이다. 좁은 도로 공사 등에 유용하다. 암의 중간 부분을 비스듬하게 비켜 놓는 구조를 가진 기종이 많다.

초미니 타입

최근 자주 눈에 띄는 타입으로, 장비 중량 1톤 미만의 초소형 미니 굴삭기. 좁은 장소에도 들어갈 수 있고, 가옥 내부에서도 작업을 할 수 있다. 농업(특히 과수원 등)이나 조경업에 많이 사용된다.

표준 타입

실제 대규모 공사 현장에서 볼 수 있는 유압 굴삭기를 그대로 축소한 것처럼 가장 기본적인 타입. 카운터 웨이트(counter weight)가 돌출되어 안전성이 뛰어나다.

종류와 타입

미니 굴삭기는 소형이지만 기본 구조는 대형 유압 굴삭기와 거의 똑같다. 취미로 하는 토목에서는 충분할 정도의 파워를 낼 수 있다. 장비 중량 2톤 정도의 기종일지라도 단 한 번의 굴삭만으로도 사람이 삽으로 파는 양의 수십 배에 해당하는 흙을 파낼 수 있다. 또 대부분의 미니 굴삭기에는 차체 앞부분에 배토판이 달려 있어 불도저와 같은 일을 해준다. 범용성이 매우 높고, 편리하며 믿음직스러운 기계이다.

트럭 탑재형 크레인은 소형 이동식 크레인의 한 종류이다. 트럭의 운전석과 적재 칸 사이에 콤팩트한 크레인 장치를 얹은 것으로, 타이어로 운행할 수 있고, 똑바로 설치할 수 있는 평지만 있으면 어디에서나 크레인 작업을 할 수도 있어 매우 편리한 소형 중기이다.

매달아 들어 올릴 수 있는 화물의 무게, 즉 적상 하중은 일부 기종을 제외하고는 대부분 3톤 미만이다.

이 책에서는 대형 트럭 탑재형을 제외한 소형 트럭 또는 중형 트럭 탑재형을 다룬다.

중형 트럭에 크레인을 탑재한 타입

적재량 4~5톤 미만의 중형 트럭에 크레인을 탑재한 타입도 통나무집 짓기 등에 활용하는 사용자가 적지 않다. 그러나 크레인 운전에는 상당한 위험이 따르니 기본적인 지식을 알고 있어야 한다.

Takeshi Nagami &
Tatsuhiko Fujikawa

나가미 타케시 & 후지카와 타츠히코

Tsuyoshi Takagi 타카기 츠요시

우리가 중기로 한 일

Shinya Akamatsu
아카마츠 신야

중기 한 대만 있어도 자기 힘으로 집을 지을 수 있는 가능성이 높아진다. 미니 굴삭기나 트럭 탑재형 크레인의 힘을 빌리면, 수작업으로는 매우 힘든 공정이라도 쉽게 할 수 있기 때문이다. 그렇다면 실제로 중기를 사용하는 사람들은 구체적으로 어떤 일을 하고 있을까? 다섯 명의 실제 사용자에게 중기로 가능한 일이 무엇인지 들어 본다.

취재·글=마에다 나루히코_Office221

스도 요시노 Yoshino Sudo
4

1 어깨너머로 배운 중기 조정, 지인의 도움을 최대한 살려 통나무집 짓기에 도전

나가미 타케시 & 후지카와 타츠히코

촬영=마츠키 유이치

낙엽송은 뿌리가 깊어 그루터기를 뽑는 것이 매우 힘들다. 3톤 미니 굴삭기로는 경우에 따라 어려울 수도 있다.

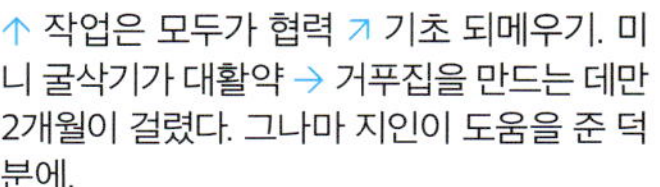

↑ 작업은 모두가 협력 ↗ 기초 되메우기. 미니 굴삭기가 대활약 → 거푸집을 만드는 데만 2개월이 걸렸다. 그나마 지인이 도움을 준 덕분에.

야마나시현의 야마나카 호수에서 그리 멀지 않은 곳에 있는 나가미 타케시 씨의 작은 통나무집. 컴퓨터 관련 연구원으로 일하고 있는 나가미 타케시 씨는 5년 전 이곳에 토지를 구입했다. 그 이후 땅 고르기에서 통나무집 만들기까지 거의 모든 일을 자기 힘으로 했다.

"이곳으로 정하기까지 꽤 오랜 시간이 걸렸어요. 이바라키현에 살고 있기 때문에 처음에는 그 인근 지역을 고려했습니다. 그런데 카와쿠치 호수에 왔다가 우연히 이 부근을 들렀는데 인상이 아주 좋았어요. 도쿄에서 2시간 정도 떨어진 거리도 나쁘지 않았고 제가 좋아하는 이즈까지도 멀지 않아 금방 갈 수 있지요. 바로 결정해버렸지요."

처음부터 혼자 힘으로 통나무집을 지을 생각을 했다는 나가미 타케시 씨. 구입한 토지에 낙엽송이 우거져 있어 낙엽송 20그루 정도를 벌목하는 것은 업자에게 맡겼다. 그리고 낙엽송 그루터기를 뿌리째 뽑아내고, 땅을 고르는 작업은 3톤 미니 굴삭기를 빌려 나가미 타케시 씨가 직접 했다.

"그때까지 중기를 운전해본 본 경험은 전혀 없었어요. 그래서 교육을 받고 면허를 땄습니다. 이때 양중 교육도 받고, 전기공사기술자 자격도 땄습니다.

하지만 그루터기를 뿌리째 뽑아내는 일도, 땅 고르는 일도 쉬운 일이 아니었습니다. 낙엽송은 뿌리가 워낙 깊기 때문에 좀처럼 뽑히지 않는 몇 개는 결국 뽑는 것을 포기했지요.

땅 고르기도 어깨너머로 조금 배운 수준에서 시작했습니다. 미니 굴삭기만 있으면 그럭저럭 할 만 합니다. 배토판으로 쓱 쓸어 내기만 하면 땅 고르기쯤은 할 수 있으니까요. 높이를 맞추는데 의외의 어려움이 있었습니다. 부지는 높낮이 차가 그렇게 나지 않는 편이었지만 기복이 심해서 완만하게 고르기가 쉽지 않았습니다. 게다가 미니 굴삭기는 작동법이 다양해서 익숙해지는 데에는 나름대로 시간이 많이 걸린다는 것을 실감했습니다."

작업을 할 때는 언제나 좋아하는 헬멧을 쓰고 했다. 지금은 미니 굴삭기를 작동하는 기술도 확실히 능숙해졌다

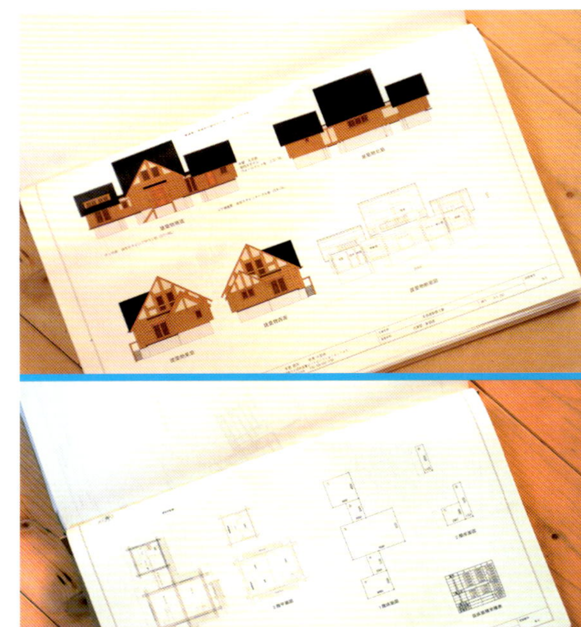

통나무집 설계 도면을 몇 번이나 다시 그려서 건축기준법을 마침내 통과

"당시는 지진의 위험 때문에 건축기준법이 한층 엄격해진 때였습니다. 건축 허가가 나올 수 있는 구조 계산이나 설계 도면을 그리는 것에 애를 많이 먹었습니다. 건축관련법을 열심히 연구하고, 또 주변의 여러 사람으로부터 조언도 얻었습니다."

↑ 후지하코네이즈국립공원에 부지가 있어 자연공원법이 적용된다. 벌목한 만큼 나무를 심어야 할 의무가 있다. ↗ 아내도 적극적으로 작업에 참여했다.

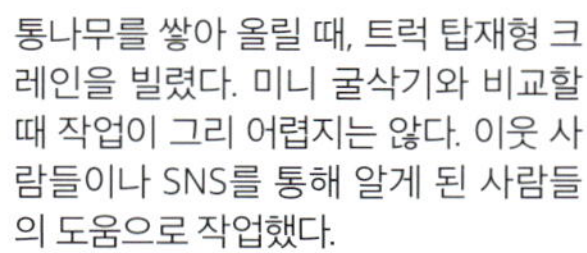

1 우리가 중기로 한 일

통나무를 쌓아 올릴 때, 트럭 탑재형 크레인을 빌렸다. 미니 굴삭기와 비교할 때 작업이 그리 어렵지는 않다. 이웃 사람들이나 SNS를 통해 알게 된 사람들의 도움으로 작업했다.

↑ 정원에는 해먹을 매달았다. 큰딸과 작은딸이 논다. → 현재는 계단 옆 데크를 만들 땅을 고르는 중. 초미니 유압 굴삭기를 후지카와 타츠히코 씨에게 빌렸다. ↓ 원형 톱을 이용해 통나무를 절단. 공동 작업은 안전 등 여러모로 안심이 된다.

"중기 조작은 익숙해지면 즐겁습니다. 크레인과 양중 교육을 미리 이수해두어서 다행이었습니다."

그 이후에도 이런 저런 어려움이 있었다. 건축 허가가 한 번에 나올 수 있도록 하기 위해 몇 번이고 지면을 고르고, 기초 공사에 관해서도 일단 인터넷과 책으로 공부해 두었다.

낙엽송 그루터기 뽑기, 땅 고르기를 시작해서 실제 공사를 시작할 때까지는 2년 가까이 걸렸다.

"기초 공사를 하느라 애를 많이 먹었습니다. 이 일대는 동결 심도가 60cm 정도이기 때문에 우선 지반을 상당히 깊이 파지 않으면 안 되었습니다. 과거 건축 관련 업종에 종사했던 지인이 있어서 그 분의 도움으로 어찌어찌 기초 공사는 끝이 났지요."

기초 공사 이후에는 비교적 순조롭게 진행되었다. 통나무를 쌓아 올릴 때는 트럭 탑재형 크레인을 빌렸다.

"처음에는 체인 블록(chain block)으로 통나무를 들어 올렸는데 올렸다 내렸다하는 것이 너무 힘들었습니다. 그래서 크레인을 빌렸는데, 크레인이 있으니 한 번에 편하게 할 수 있었지요. 크레인과 양중 교육을 이수해두었기 때문에 그것이 정말 유용했습니다. 특히 양중은 상당히 엄격한 지도를 받아서 사고도 큰 부상도 없이 작업할 수 있었습니다."

이렇게 말하지만 모든 작업이 혼자서 가능했을 리가 없다. 도와준 사람들이 없었다면 아무

래도 무리였다. 이 지역에 와서 새롭게 사귄 사람이나 SNS를 통해 교류하게 된 사람 등 많은 사람이 찾아와서 정보를 주거나 작업을 도와주었던 덕분이다.

나가미 타케시 씨와 같이 야마나카 호수 근방에 자기 손으로 통나무집을 지은 후지카와 타츠히코 씨도 그 중 한 명이다. 후지카와 타츠히코 씨는 야마나카 호수 근처에 토지를 구입한지는 벌써 6년이 되었다.

"여기는 잡목림이었기 때문에 미니 굴삭기를 구입해 벌목과 땅 고르기를 혼자 해낼 수 있었습니다. 다들 그 정도는 혼자 할 수 있을 거라고들 하기에 어깨너머로 배워서 해본 거지요.

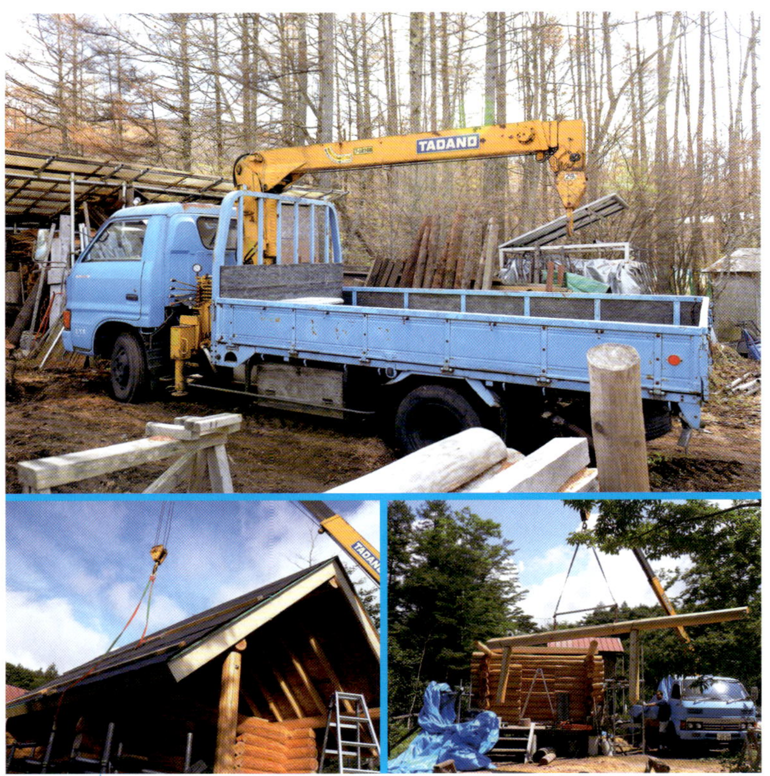

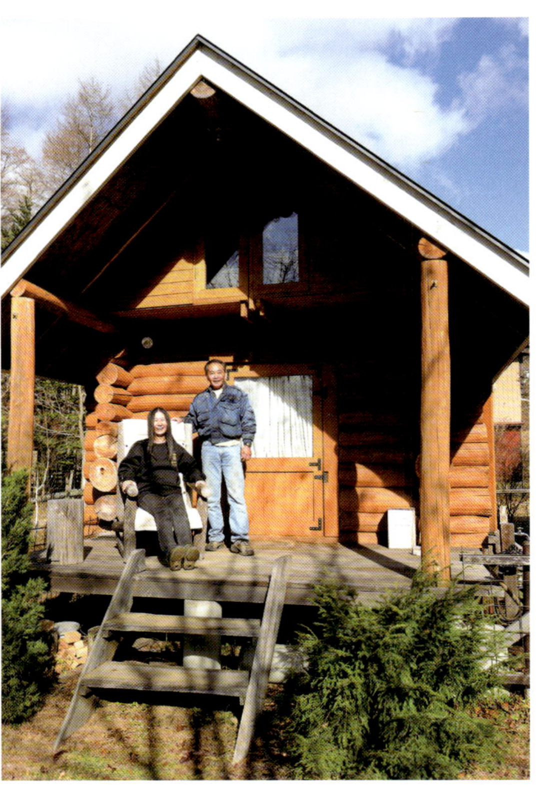

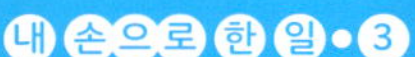

내 손으로 한 일 • 3

트럭 탑재형 크레인을 사용해 상량 작업도 직접

후지카와 타츠히코 씨의 크레인은 통나무집을 직접 지은 지인으로부터 양도 받은 것. 땅 고르기를 하면서 생긴 통나무를 사용해서 즈접 통나무집을 지었다.

↑ 후지카와 타츠히코 씨와 아내. 평소에는 도쿄에서 생활하면서 주말여행으로 애견과 함께 이 통나무집에 온다. ↓ 후지카와 타츠히코 씨 부부와 나가미 타케시 씨 가족의 바베큐 파티. 통나무집을 짓는 동안 갖는 이런 시간이야말로 최고의 호사. "도시에서는 결코 맛볼 수 없는 즐거움입니다."

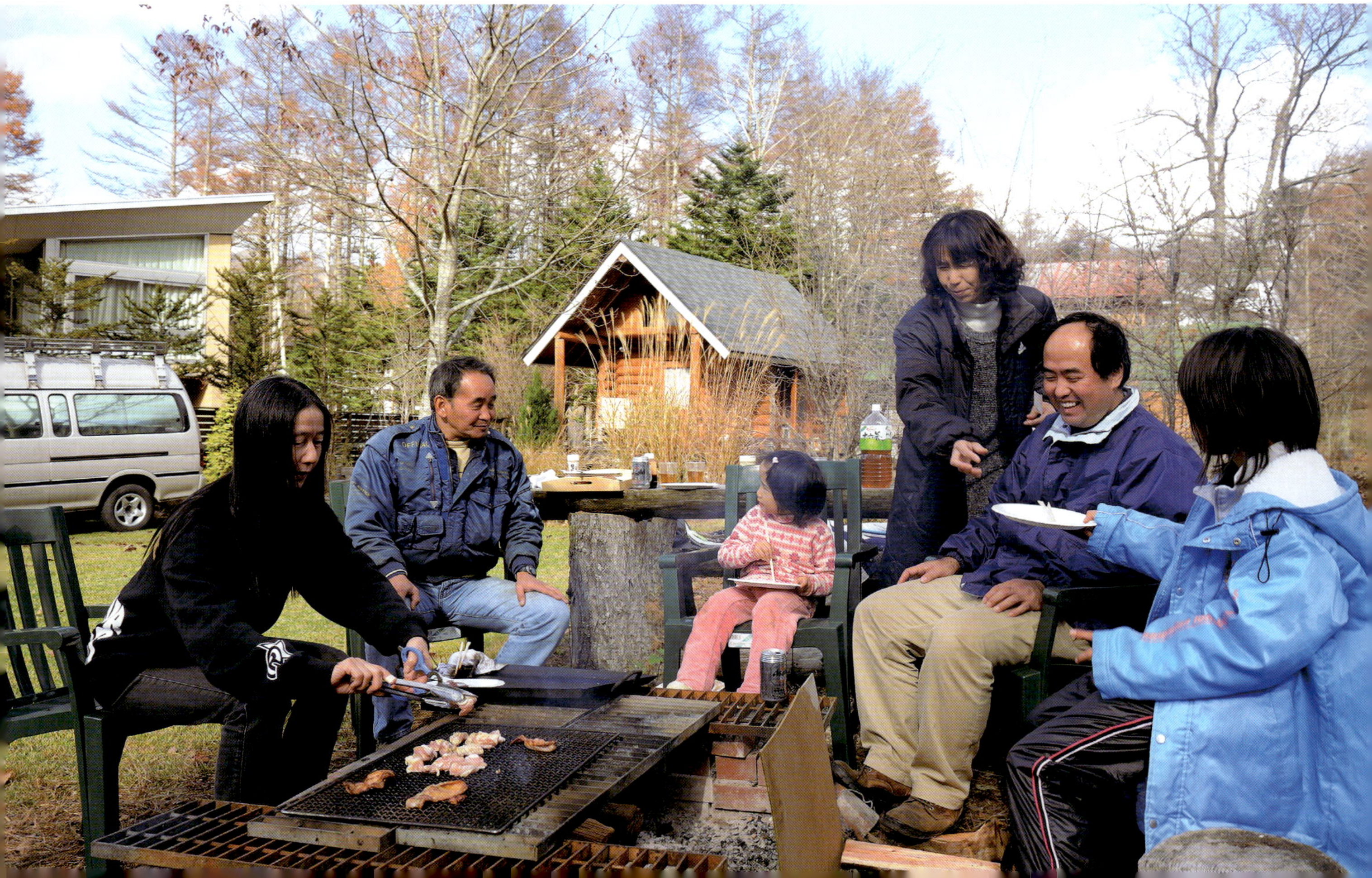

중기에 대한 이야기꽃을 피우고 있는 두 사람. 셀프 빌트의 선배인 후지카와 타츠히코 씨가 많은 조언을 해주었다.

**"목수일은 생초보
수준이었지만
배우기 보다는
익숙해지자는 마음으로
스스로 해보자고..."**

내 손으로 한 일 • 4
미니 굴삭기를 사용해 100그루의 나무를 벌목하고, 뿌리를 뽑아냈다. 그리고 땅 고르기 작업까지
"땅 고르기 작업 정도는 혼자서도 충분히 가능하다고들 하기에 미니 굴삭기를 사서 해보았습니다. 땅 고르기를 하는 동안 통나무집을 지을 돈을 모을 계획이었지만 100그루나 되는 나무를 벌목하고 나니 통나무도 내 손으로 만들어보자고 결심했지요."

원래는 DIY용 조립식 통나무집 중에서 하나를 선택해 지을 생각이었습니다. 그런데 잡목 벌채와 땅 고르기 작업을 다 하고 나니 통나무 100그루 정도가 저절로 생긴 거에요. 그걸 어떻게 할까 생각하다가 내 힘으로 통나무집을 지으면 좋지 않을까 생각하게 된 거죠. 취미로 하는 목수일이라 가벼운 마음으로 시작하기는 했지만 사실 생초보나 마찬가지였습니다. 하지만 배우려고 하기 보다는 익숙해지자는 마음을 가졌지요. 실패하면 좀 큰 캠프파이어를 하면 되지 않나 하고(웃음). 그런 마음으로 하니 고생스럽기는 했어도 어떻게 되긴 되더라구요."

이런 후지카와 타츠히코 씨는 나가미 타케시 씨에게 큰 의지가 된 사람이었다. 게다가 후지카와 타츠히코 씨는 미니 굴삭기 2대와 트럭 탑재형 크레인을 소유하고 있다. 나가미 타케시 씨는 후지카와 타츠히코 씨에게 중기를 빌리기도 하고, 조언을 듣기도 하는 등 다양한 형태로 도움을 받고 있다.

"저는 계속 코마츠의 중기를 써왔는데 후지카와 타츠히코 씨의 미니 굴삭기는 얀마였어요. 처음에는 조작 방식이 달라서 상당히 당황했습니다. 지금은 이미 익숙해졌지만(웃음)"

이렇게 말하는 나가미 타케시 씨의 통나무집은 아직 전체 설계의 1/3밖에 짓지 않은 상태이다. 지금까지 지은 부분은 화장실과 욕실, 세면대가 들어가게 될 건물이다. 메인인 안채 건설을 이제부터 시작해야 한다.

"쉬엄쉬엄할 생각입니다. 이 동을 안채와 연결할 생각인데, 이제부터는 더 큰 통나무집을 지어야 하기 때문에 큰일이지요. 하지만 이미 어느 정도 익숙해져서 조금은 빨라질 수 있지 않을까 생각합니다."

큰 공사가 기다리고 있는 상황이라 후지카와 타츠히코 씨에게 빌린 미니 굴삭기와 크레인은 더 큰 활약을 할 것이다.

미니 굴삭기로 1년 동안
자택 부지 개간하고
땅 고르기도 직접

타카기 츠요시

촬영=마츠키 유이치

우리가
중기로
한 일

2

↑ 외관 전체는 타카기 츠요시 씨가 도장. ← 나무 향이 왠지 기분 좋은 방 안에서 유유자적 휴식. ↓ 오른쪽 부지가 지금 자택이 있는 곳. 원래는 잡목림이었지만 벌목한 후 땅 고르기 작업을 했다.

2년 전에 지은 통나무집에서 아내와 함께 생활하고 있는 타카기 츠요시 씨. 이 집을 지을 때 자택 부지와 그 뒤편 토지를 혼자서 개간했다.

"여기는 원래 잡목림이었는데, 지금 이 집이 있는 부지와 뒤편 토지가 매물로 나왔습니다. 주말을 보낼 수 있는 세컨 하우스로 작은 통나무집을 지으려고 이 토지를 샀습니다. 그리고 중고 체인 톱을 양도 받아 쉬엄쉬엄 나무를 베어내고 있었지요."

그러던 타카기 츠요시 씨가 미니 굴삭기를 사용해 본격적으로 땅 고르기 작업을 해보자고 생각하게 된 계기는 현재 통나무집을 지은 부지를 추가로 구매한 것이었다.

"이 부분은 원래 국유림이었지만 수차례 교섭한 끝에 구입할 수 있었지요. 바로 앞에 도로가 나 있고, 부지 내로 차를 타고 들어올 수도 있어 주말용 세컨 하우스가 아니라 아예 주거용 집을 짓기로 결정했습니다."

넓은 토지를 갖게 되니 땅 고르기 작업 정도는 직접 해보자는 생각이 들었다. 그러려면 일단 부지에 있는 나무를 벌목할 수밖에 없었다. 그러나 양도 받은 체인 톱을 계속 사용하는 것이 체력에 부치기 시작했다.

"임업 전문가가 사용하던 체인 톱이라서 무겁기도 했고… 겨우 나무 한 그루 베고 나면 넌더리가 날 정도로 힘들었죠(웃음). 평소 거의 운동을 하지 않는 저에게는 정말 힘든 일이었습니다. 그래서 베다 말다를 반복하던 중 지인으로부터 중고 미니 굴삭기 한 대를 사는 게 어떻겠냐는 권유를 받았습니다. 가격도 생각보다 저렴했고, 정비도 잘 되어 있어 바로 구입했지요."

그렇게 구입한 것이 2톤 미니 굴삭기였다. 타카기 츠요시 부부는 미니 굴삭기에 애칭도 붙여

집과 그 뒤편 부지를 고르는 데 미니 굴삭기를 사용 지금 집을 지은 부지 전체의 땅 고르기 작업과 집 뒤편 부지 중 일부분의 벌목을 미니 굴삭기로 했다. 지금은 타카기 츠요시 부부와 애견 코타로의 산책 코스가 됐다.

←미니 굴삭기는 낡은 기종이었지만 가격은 파격적으로 60만 엔(약 650만 원). 고무 크롤러를 20만 엔(약 250만 원) 주고 교체했어도 매우 싼 가격이었다.

↑ "작업은 금방 익숙해졌죠. 하지만 힘 조절이 의외로 어려웠어요. 그루터기를 뽑아내는 일 등은 웬만큼 힘을 주지 않으면 안 되었기 때문에 힘이 들었습니다" ↓ "빠지기 쉬운 고무 크롤러에는 꼼꼼하게 윤활유를 넣어 둔다. 윤활유를 채우는 것을 게을리 하면 작업 중에 삑삑 거리기 때문에 잊어버리지 않도록 신경을 쓰고 있다.

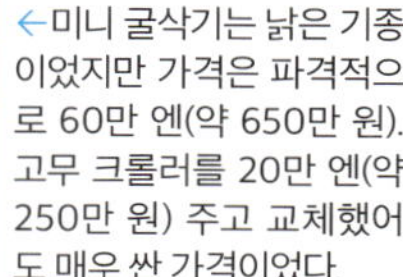

집 옆에 우물 파기에도 미니 굴삭기의 활약

미니 굴삭기를 사용해 판 우물. 그러나 수량이 집안까지 끌어갈 정도에는 미치지 않아 다른 장소에 다시 우물을 팠다. 처음 판 우물은 세차 용수의 공급원이 되었다.

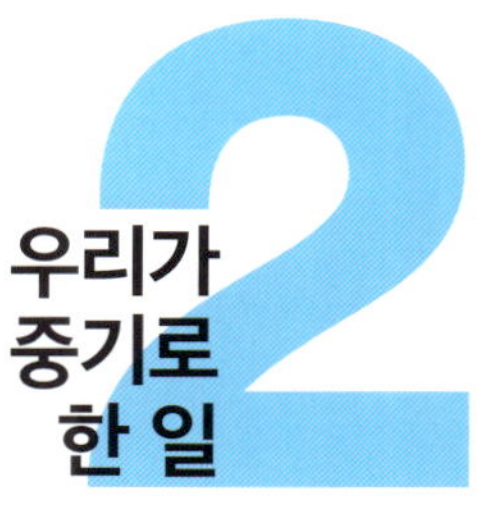

우리가 중기로 한 일 2

주었다. 중기를 사용해 본 경험이 없었기 때문에 처음 사용할 때는 조작 오류도 꽤 많았다. 그러나 금세 익숙해졌다.

"산 속이라서 넘어뜨린 나무를 마구 던져도 무방했습니다. 정밀도가 요구되는 작업은 불가능하지만 20~30㎝ 정도의 나무라면 별 문제없이 넘어뜨릴 수 있었고, 약간의 흙을 파는 정도라면 간단히 할 수 있었습니다. 만약 미니 굴삭기가 없었다면 부지 전체를 혼자 힘으로 개간하고 땅 고르기 작업까지 하는 것은 가능하지 않았을 것입니다."

부지는 꽤 넓었다. 게다가 당시에 다른 바쁜 일도 있어서 땅 고르기 작업에만 1년 가까운 시간이 걸렸다.

"넓은 경사면을 파서 평평하게 만들었는데, 2톤 미니 굴삭기로는 꽤 힘든 일이었습니다. 집 앞에는 흙을 버릴 수가 없어서 맨 처음에 샀던 뒤편 부지로 흙을 운반했는데, 제가 가진 미니 굴삭기는 버킷 용량이 30리터밖에 되지 않았습니다. 파낸 흙이 총 150톤이었으니까 뒤쪽 부지와 집을 지을 부지 사이를 상당히 여러 번 왕복해야 했습니다.

주말이 되면 이곳에 와서 그 일만 묵묵히 한 적도 있었죠(웃음). 하지만 즐겁게 해서 딱히 고생이라고는 느껴지지 않았습니다. 특별히 시급한 일도 아니었고."

어쨌든 땅 고르기가 끝나고 통나무집이 실제로 완성된 것은 약 2년 전이다. 땅 고르기 작업이 끝난 후 미니 굴삭기는 우물 파기 등과 같은 일을 할 때마다 활약한다. 지금도 타카기 츠요시 씨네 부지 안에 놓여 있다.

"지금 집 옆 공간을 조금씩 개간하고 있습니다. 앞으로 이곳에 차고를 지을 생각을 하고 있지요. 그래서 이 녀석이 활약할 기회가 아직 많습니다."

아카마츠 신야 씨의 생가가 있는 오오에는 한적한 전원 지대이다. 아카마츠 신야 씨는 논과 밭을 소유하고 있어 벼와 채소를 재배하는 일도 하고 있다.

40년 전에 심은 편백나무로 고향에 직접 집을 짓는다

아카마츠 신야

촬영=마츠키 유이치

↑ 주말부부로 도쿄에서 일하고 있을 당시 만들었던 모형. 시행착오로 결국 이 모형과는 달라졌다. ↓ 통나무 공법은 인건비가 많이 들기 때문에 포기하고, 재래 공법과 같은 포스트&빔 공법으로 집을 지었다.

← 슬링 벨트(sling belt)을 사용해 양중 작업도 너끈하게 해냈다. 100그루의 통나무를 운반하는 것도 해냈다. ↓ 밭에서 캐낸 '화성인' 같은 고구마를 중기에 태웠다.

고향인 교토의 오오에에 포스트&빔 공법으로 편백나무 통나무집을 짓고 있는 아카마츠 신야 씨. 젊은 시절 그는 많은 사람이 그러하듯 도시의 삶을 동경해 고향을 떠나 도시에서 일에 열중했다. 그러나 결혼을 하고 아이들이 태어나자 부모님에게 손주들을 보여주기 위해 고향을 찾는 일이 늘어났다.

교토 시내에서 생활하면서 낡은 생가를 다시 짓는 것을 고려하기 시작한 것은 약 10년 전쯤이다. 바쁜 IT 업계에서 일을 하다보니 나고 자란 땅에 대한 그리움도 깊어졌다.

"부모님이 언제까지 살아계실 리도 없고, 그렇다면 나중엔 누가 생가와 논밭을 지킬 것인가 생각하던 즈음, 내가 하자는 생각이 들었어요."

아카마츠 신야 씨의 생가는 전쟁 중(2차 세계대전)에 지어진 것으로 건축한지 60년 이상 지났기 때문에 상태가 상당히 나빴다. 일단 집을 다시 지을 동안만이라도 쾌적하게 지낼 곳을 만들기 위해 생가 옆에 통나무집을 짓기로 했다.

"그 이야기를 어머니께 하니 '통나무는 뒷산에 잔뜩 있는데…'라고 말씀하셨습니다. 그러고 보니 뒷산에 삼나무와 편백나무가 800그루 정도 자라고 있었지요. 40년 전, 제가 고등학생이었을 때 아버지와 함께 심은 것이었습니다. 내가 심은 나무로 생가 옆에 통나무집을 짓고 그곳에서 논밭 일을 하며 생활한다면 그것이야말로 최고라는 생각이 들었죠. 그렇다면 이왕이면 전부 내 힘으로 지어보자고 결정했습니다."

회사 일을 하면서 통나무집 교실에 다니고, 체인 톱 같은 공구의 사용법을 익히는 등 관련 지식과 스킬을 조금씩 쌓아 갔다. 그리고 3년 전 회사에서 조기 퇴직했다. 교토 시내의 집과 오오에의 생가를 오가며 벼와 채소를 키우고 집 짓는 작업을 진행했다.

"농업으로 생계를 해결하는 것은 어려운 일입니다. 하지만 아이들도 다 독립했고, 그럭저럭

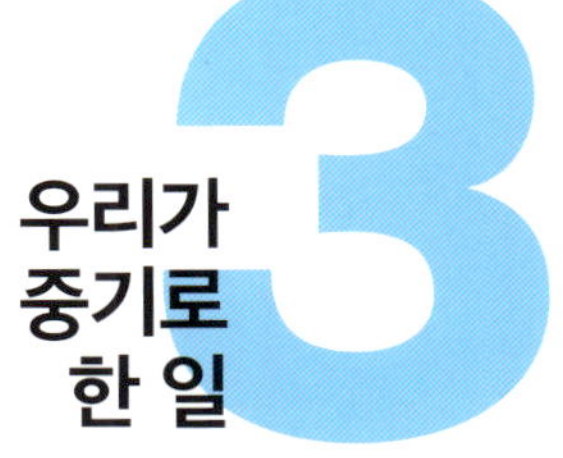

우리가 중기로 한 일 **3**

건축 부지까지 길을 닦고, 분쇄석을 깔았다

대나무 숲의 경사면을 개간하고, 우선 건축 부지까지 올라가기 위한 길을 닦았다. 그 다음에 덤프트럭을 빌려 분쇄석을 길에 깔아 미니 굴삭기나 차량이 안전하게 다닐 수 있도록 했다.

꾸려질 것이라고 생각했습니다. 그래서 토, 일요일은 교토 시내 집에서 지내고, 월요일 아침부터 금요일 밤까지는 여기에 와서 작업을 했어요. 그러니까 주말에만 교토의 집으로 돌아가는 이른바 주말부부 생활을 한 것이지요."

2년 후 완성을 목표로 했다. 그러자니 통나무 공법은 포기해야 했다. 용마루와 대들보를 사용해 짓는 포스트&빔 공법으로 직접 짓기로 했다. 작업은 나무 베기를 의뢰하는 것으로 시작되었다. 임업 조합에 부탁해 뒷산의 삼나무와 편백나무 800그루 중 100그루를 베어 냈고, 그것을 미리 구입한 미니 굴삭기로 하나씩 운반했다.

"회사 다닐 때 앞으로 분명 중기가 필요해질 것이라는 생각에 알음알음으로 미니 굴삭기를 중고로 사두었습니다. 렌탈하는 것 보다는 사는 쪽이 절대적으로 이득이었죠. 귀농하면 미니 굴삭기를 보관해 둘 공간이 넉넉할 것이라고 생각해서 조작법은 어깨너머로 익혔지요. 처음에는 당황했지만 익숙해지니 그럭저럭 할 수 있었습니다. 말하자면 오락실 인형 뽑기 기계의 대형 버전이라고 할 수 있었습니다(웃음)."

그 후에도 미니 굴삭기는 많은 활약을 했다. 건축 부지까지 도로 만들기, 현장의 대나무 숲 개간 작업과 벌목, 그리고 목재 들어 올리기 등. 도중에 작업이 좀처럼 진척되지 않아 불안할 때도 있었지만 아는 목수나 근처에 통나무 집을 직접 짓고 사는 지인들에게 조언을 구해서 해결했다.

완공 예정일은 훌쩍 넘겨 버렸지만 이제 전기와 수도를 개통했고, 장작 난로도 설치했다.

"집 짓는 즐거움을 실감하고 있는 때라서 계획이 늦어지는 것은 별로 문제가 되지 않습니다. 지금은 스트레스뿐이었던 샐러리맨 시절과는 전혀 다른 삶을 살고 있죠. 이제 이곳에서 생활할 수 있다는 것이 즐겁고, 매우 만족스럽습니다."

이렇게 말하는 아카마츠 신야 씨의 웃는 얼굴에는 아무런 걱정도 없어 보였다.

> **"미니 굴삭기의 조작은 익숙해지면 쉽습니다. 인형 뽑기의 대형 버전이라고 할 수 있습니다(웃음)."**

"혼자 하기 때문에 불안감도 많았습니다. 목수나 근처에 통나무집을 지은 사람들에게 자주 상담을 했습니다."

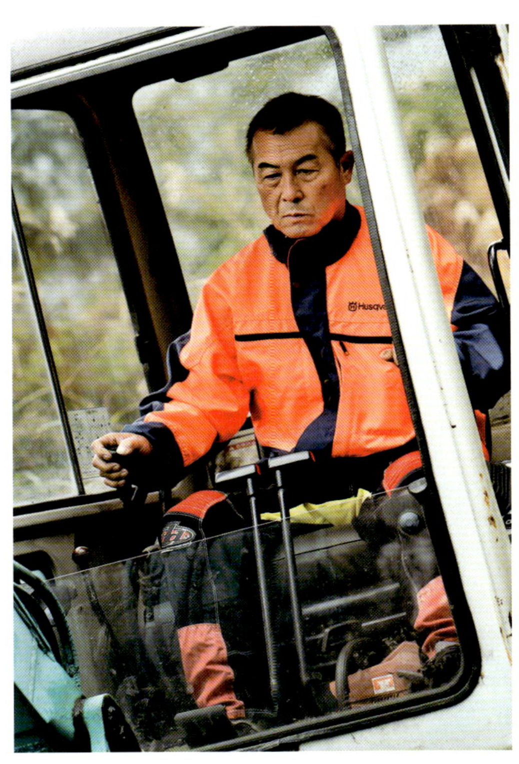

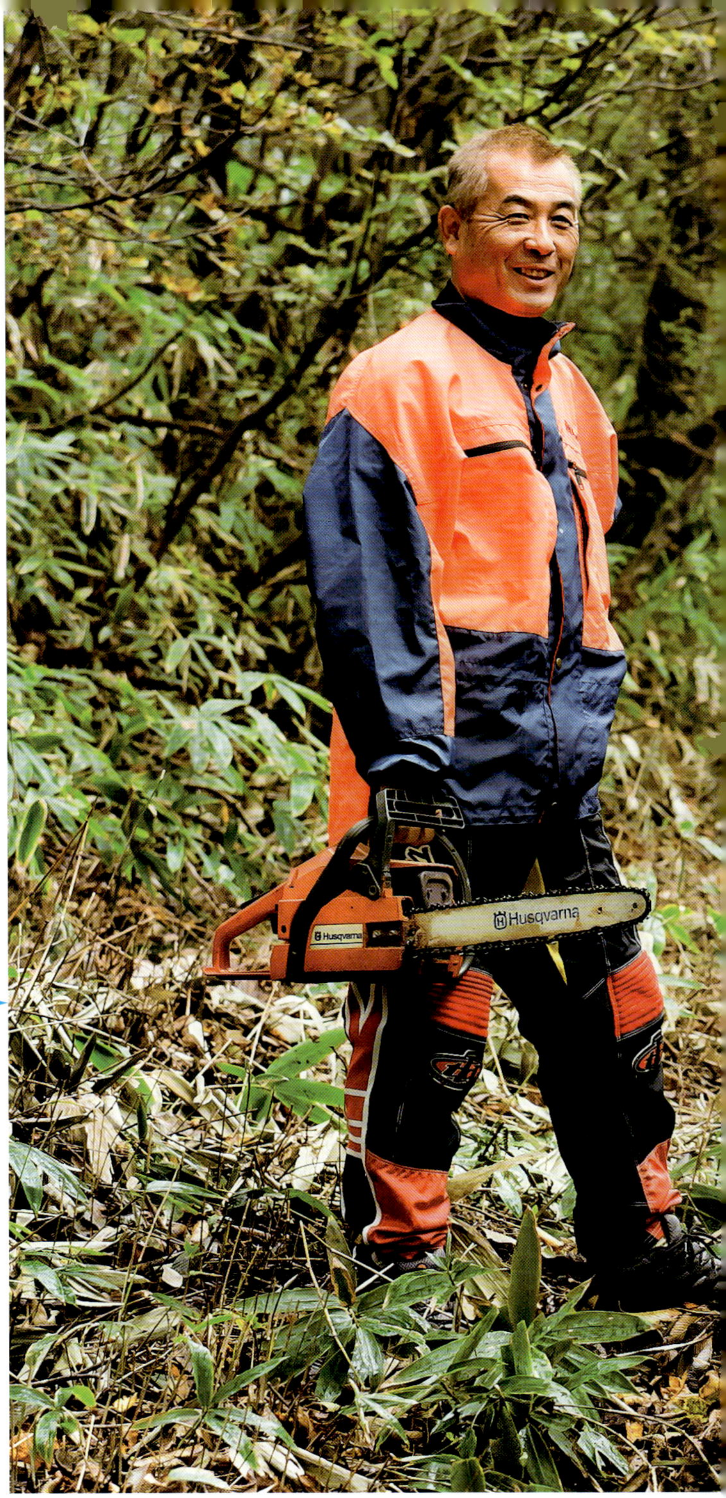

내 손으로 한 일 • 1

4톤 미니 굴삭기로 삼림을 벌목하고 땅 고르기를 해 MTB 코스를 조성

낙엽송과 물참나무로 둘러싸였던 삼림 관리 도로를 개간해 전체 길이 3km, 폭 2~4m, 고저 차 300m를 달려 내려가는 코스를 지역주민인 야마모토 유이치로 씨 등과 함께 만들었다.

우리가 중기로 한 일 4

미니 굴삭기를 사용해 지역 주민과 MTB 코스 만들기

스도 요시오

촬영=후지모토 토모노부

이바라키현에 '타카미네야마 MTB 월드'라는 마운틴 바이크(이하 MTB) 코스를 운영하고 있는 스도 요시오 씨. 현재 지역 주민들의 협조를 받아 토치기현의 키리후리고원에 대규모 MTB 코스를 조성하고 있다.

"고객을 통해 이 지역의 주민을 소개 받아 처음 이곳에 와 보았습니다. 굉장히 넓은 토지를 보고 여기에 새롭게 MTB 코스를 만들면 좋겠다는 생각이 들었지요. 꼭 하고 싶었습니다."

우선은 지역 주민들의 손을 빌려 개간과 땅 고르기 작업을 진행했습니다. 그리고 지난 가을, 스도 요시오 씨가 코스의 일부를 시험 주행해 보았다. 그때 당초 예상했던 것 이상으로 재미있는 코스가 될 것이라는 느낌을 받았다.

"시험 주행해 보니 생각했던 것보다 계곡이 적지 않았습니다. 흡사 만두와 같은 모양을 한 산이었지요. 능선이 깎아지른 듯 가파르지는 않아 코스를 만드는 것이 아주 쉬웠습니다. 비교적 쉬운 초심자용 코스도, 여러 가지 장치로 꾸민 상급자용 코스도 만들었어요. 일반 도로에서 가까워서 차량 반송도 쉬웠습니다. 완성된다면 일본 내에서 꽤 이름난 MTB 코스가 될 것이라는 생각이 들었습니다."

스도 요시오 씨도 지역 주민으로부터 4톤 미니 굴삭기를 빌려 작업을 시작했다. 스도 요시오 씨는 코스 조성에 풍부한 경험을 지니고 있고, 중기 취급에 관한 베테랑이었다. 지역 주민들과의 공동 작업으로 개간과 땅 고르기 작업을 계속 진행해갔다.

"사실 조금 더 작은 미니 굴삭기로 작업하는 편이 나았을 겁니다. 4톤 미니 굴삭기가 파워가 있어 더 좋을 것이라고 생각하기 십상이지만 사실은 그렇지도 않습니다. 4톤 미니 굴삭기는 크

↑ 코스에 빗물을 흘려보내기 위한 물길을 확보했다. 스도 요시오 씨는 MTB 코스를 만드는 것에 대한 노하우가 충분했다. 초심자라도 달리기 쉽도록 환경 정비는 빈틈없이 했다. ↑ 장애가 되는 나무는 애용하는 허스크바나 체인 톱으로 자른다. 나무를 자르는 모습이 익숙하다. → 삼림을 개간해 땅 고르기 작업을 하는 것에는 의외의 위험이 따른다. 신중함이 요구되는 작업이다.

"이곳은 산이 만두 모양이라서 코스 만들기가 쉬웠습니다."

버킷으로 흙을 파내 보니 끈적끈적한 점토층이 나타났다. 지질 확인도 게을리 해서는 안 된다.

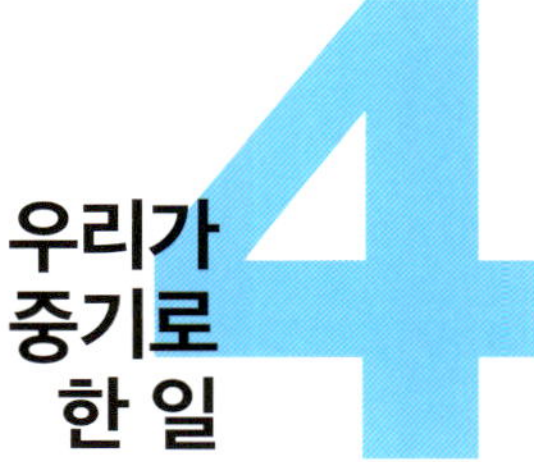

우리가 중기로 한 일 4

롤러가 너무 커서 민첩성이 떨어집니다. 크롤러 폭이 좁은 1~1.5톤 규모의 미니 굴삭기를 사용하면 좁은 곳에서도 민첩하게 방향을 바꾸어가며 땅을 고르고 지반을 다질 수 있습니다."

잡목림을 벌목해 좁은 길을 만드는 일은 집을 짓기 위해 땅을 고르는 것과는 다른 부분도 많다. 지역 주민으로서 건설업을 운영하며 스도 요시오 씨를 돕고 있는 야마모토 유이치로 씨는 이렇게 말한다.

"숲 속에 좁은 길을 만드는 것은 임업의 영역에 가깝습니다. 건설업처럼 도면을 그려 이러쿵저러쿵 하는 이론적인 것보다는 숲에서의 경험이 도움이 되는 경우도 많습니다. 숲에서 중기를 사용해 작업하는 것에는 많은 위험도 따릅니다. 땅 고르기 한 토지의 표층이 부드러우면 중기 자체의 무게로 인해 작업 중에 미끄러져 떨어지고 말 가능성도 있기 때문입니다. 도면대로는 되지 않기 때문에 더욱 어렵지요. 그래서 중기를 능숙하게 다루지 않으면 안 됩니다. 자기 몸처럼 사용할 수 있지 않으면 안 되지요. 전문가와 같이 본격적인 작업을 익히는 데는 2~3년 정도 걸리려나."

우여곡절 끝에 코스는 거의 완성되었다. 얼마 전 안전기원제와 시험 주행을 했다. 취재를 하기 위해 언론 매체들이 많이 찾아와 화제가 된 가운데 정식 오픈한 이후로는 수많은 MTB 애호가들이 키리후리 고원을 찾을 것으로 예상된다. 그러나 사실 효과는 이뿐만이 아니다. 지금까지 별로 사용하지 않았던 임업 관리 도로를 정비해 임업의 황폐화를 방지하는 것도 가능했다는 것이다. 스도 요시오 씨는 말한다.

"초심자도 상급자도 즐겁게 달릴 수 있는 MTB 코스가 되었으면 합니다. 그러기 위해서 앞으로도 지역 주민 여러분과 지속적으로 협력해나가겠습니다."

중기 활용 매뉴얼

중기를 다루기 위해서는 어느 정도의 지식과 경험이 반드시 필요하다. 지금부터는 장비 중량 6톤 미만의 미니 굴삭기와
적상 하중 5톤 미만의 트럭 탑재형 크레인에 관한 기초 지식을 싣는다. 우선 운전 자격을 취득하는 것에서부터 시작하자.
사설 학원에서 운전의 기본을 습득한 이후, 현장에서 스스로 연구해가며 기술을 연마하는 것이 중기 사용 숙달의 일반적 이치이다.
안전제일을 염두에 두고, 중기와 함께 하는 삶에 한걸음 다가가 보자.

촬영=후지모토 토모노부, 하야시 타카마사 / 일러스트=다나카 히토시 / 사진 제공=코마츠 / 후루카와유니크주식회사 / 주식회사타다노

미니 굴삭기 활용 매뉴얼

미니 굴삭기는 개간이나 땅 고르기 작업 등
여러 가지 일을 높은 효율로 해치우는 믿음직스러운 기계다.
'만능 기계'라고 말해도 좋을 정도이다.
하지만 한편 강력한 만큼 미니 굴삭기의 활용은 하루아침에
실현될 수 있는 것이 아니다. 알아야만 할 것을 알고,
습득해야만 할 것을 습득해야 비로소 미니 굴삭기는
내 편이 되어 준다. 여기에서는 운전 자격이나
작동법의 기본 등 미니 굴삭기 활용의 첫걸음이 되는
항목을 해설한다. 안전하고 즐거운 중기 라이프를 위해
도움이 되기를 바란다.

운전 자격과 면허

국가기술자격 시험과 무시험 면허가 있다

이 책에서 다루는 미니 굴삭기는 '차량계 건설 기계'의 일종이다.

일반적으로 차량계 건설 기계를 운전하기 위해서는 우선 '건설기계관리법'에 의해 정해진 교육을 받은 다음, 한국산업인력공단에서 시행하는 필기 및 실기 시험을 통해 국가기술자격을 취득해야 한다. 그러나 이 자격을 취득했다고 해서 곧바로 건설 기계를 운전할 수 있는 것은 아니다. 자격증과 1종 보통 운전면허증(또는 이에 해당하는 신체검사서)를 소지하고 해당 시, 군, 구청에 가서 '건설기계조종사면허'를 신청해 이를 발급 받아야 한다. 하지만 이 책에서 다루게 될 기체 중량 3톤 미만인 소형 건설 기계의 경우 정해진 교육만 받으면 자격 시험 없이 면허를 발급 받을 수 있다.

그러나 자격 시험 없이 면허를 취득한 경우 3톤 미만의 소형 차량계 건설 기계에 한해서만 운전이 가능하므로 이 점을 유의해야 한다.

미니 굴삭기는 장비 중량 6톤 미만의 유압 굴삭기이기 때문에 기종에 따라 기체 중량 3톤 미만인 것도 있고, 3톤 이상인 것도 있다. 따라서 미니 굴삭기를 운전하고자 할 경우, 구입 또는 렌탈하고자 하는 기종의 기체 중량에 따라서 무시험 면허를 취득할 것인지, 국가자격인 굴삭기 운전기능사 자격을 취득할 것인지 결정해야 한다.

단 그 이전에 중요한 것은 '기계를 사용해 무엇을 하고 싶은가'하는 '목적'임은 말할 것도 없다. 기종 선택 자체가 그 목적에 의해 결정될 수밖에 없기 때문이다.

3톤 미만의 굴삭기의 경우에는 전문 건설기계 교육 기관에서도 교육을 받을 수 있지만 농촌 지역의 농업기술센터에서도 교육을 받을 수 있다. 운전 방법뿐만 아니라 기본적 정비 방법을 교육하는 곳도 있다.

사용법을 구체적으로 생각해두자

일반적으로 차량계 건설 기계를 비롯해 각종 기계의 운전 자격은 취업을 위해 취득하는 경우가 많다. 이 경우 막연히 '자격증을 많이 가지고 있으면 취업에 유리할 것'이라고 생각하지만 활용도가 낮은 자격을 취득하느라 정작 중요한 기술 습득에 집중하지 못하게 된다는 점에서는 오히려 손해가 크다고 할 수 있다. 따라서 자신이 일하고자 하는 분야에 대해 어느 정도 생각을 해 두지 않으면 안 된다.

이 책의 독자들과 같이 직업이 아닌 취미로 미니 굴삭기를 활용하고자 할 경우에도 마찬가지이다. 개간이나 땅 고르기 작업을 하고자 하는 부지의 넓이는 물론 앞으로 어느 사이즈까지의 기계를 사용하고자 하는지, 다음 장에서 설명하게 될 이동식 크레인을 비롯한 기타 다른 중기 면허까지도 필요한지 어떤지 등 가능한 구체적으로 생각해 두길 바란다.

취미 생활을 위해 운전하는 미니 굴삭기는 3톤 미만으로 충분하다. 하지만 예를 들어 가축에게 먹이를 주거나 제설 작업 등을 위해서 어느 정도 사이즈의 휠 로더를 병용하고자 할 경우 등에는 그에 맞는 교육을 선택하는 편이 좋다는 판단도 할 수 있을 것이다.

안전은 운전자에게 달려 있다

교육 기관에서 배우는 것은 어디까지나 차량계 건설 기계 '작동의 기본'이며, 이것을 '어떻게 사용할 것인가'는 원칙적으로 운전자에게 달려 있다. 교습소에서 몸에 익힌 기본에 입각, 안전과 효율을 염두에 두고 연구를 거듭해가는 것이 능숙해지는 왕도라고 말할 수 있다.

이는 차량계 건설 기계의 운전이 어떤 의미에서는 창조적인 동시에 큰 책임도 따르는 행위이기도 하다는 것을 의미하고 있다. 차량계 건설 기계의 경우 일반 자동차가 공용 도로를 달릴 때처럼 상세한 법규가 정해져 있지 않다. 안전하게 목적을 달성할 수 있을지 말지는 전적으로 운전자에게 달려 있다. 직업적으로든 취미 생활에서든 간에 차량계 건설 기계를 운전할 때는 이것을 가슴에 새겨 두길 바란다.

차량계 건설 기계의 종류

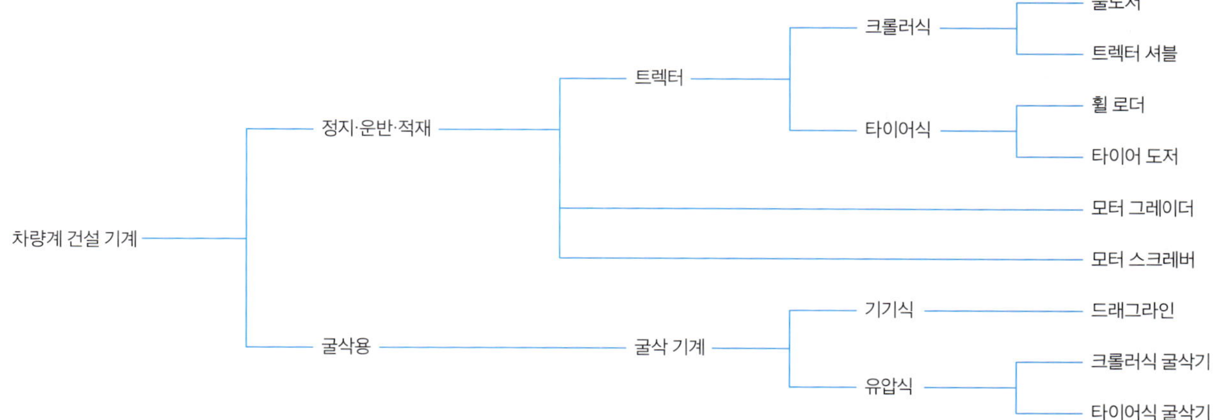

↑ 모터 그레이더

도로 공사 현장에서 자주 볼 수 있는 모터 그레이더는 전문가의 포스가 풍기는 중기 중 하나이다.

↖ 불도저

중기를 좋아한다면 한번은 운전해 보고 싶은 불도저. 교습소에 따라 갖추고 있는 경우도 있다.

← 휠 로더

농업이나 축산업에도 빈번하게 사용되는 휠 로더. 눈이 많이 오는 지역에서는 제설 작업에 강하다.

굴삭기 운전 자격의 종류

구분	자격
굴삭기 운전기능사	해당 전문 교육 기관 필기 및 실기 교육 후 응시 한국산업인력공단 국가기술자격 시험 통과한 사람
무시험 면허	3톤 미만의 굴삭기만 운전하려는 사람 1종 보통 운전면허를 가진 사람 12시간 교육을 수료한 사람 (2일간, 이론 6시간 실기 6시간)

구조와 특징

전체를 유압으로 제어한다

미니 굴삭기를 포함한 유압 굴삭기는 일반적으로 엔진이나 운전석이 있는 상부 기구, 붐이나 암 등의 작업기 장치('팔 또는 암'의 부분, 작업부 기구라고도 부른다), 주행을 위한 하부 기구로 구성되어 있다.

이들 기구는 동력원인 엔진(주로 디젤)의 출력이 유압 실린더 등의 유압 시스템에 전달됨으로써 움직인다. 주행도 엔진이 아니라 유압으로 주행 모터를 움직여 진행된다. 모든 움직임을 유압으로 제어하기 때문에 전체적으로 파워풀하고 균형 잡힌 작동이 가능하다.

유압 시스템의 근본은 한번쯤 들어 봤을 '파스칼의 원리'이다. '파스칼의 원리'는 밀폐된 용기 안에 담긴 액체의 일부에 압력을 가하면 똑같은 압력이 액체의 다른 부분에 전달된다는 것이다. 이 원리를 응용하면 유압 펌프가 작동유를 누르는 힘을 증폭시켜 각 부분에 전달하게 된다. 사람의 힘을 훨씬 능가하는 파워로 굴삭 등이 가능한 것도 이 원리에 의해 엔진의 출력 효율을 높여 작업하는 힘으로 변환시킬 수 있기 때문이다.

하부 기구의 앞부분에 붙어 있는 배토판은 미니 굴삭기만의 특징적인 장치이다. 미니 굴삭기가 특히 활약하게 되는 좁은 현장에는 불도저가 진입하기 어렵기 때문에 불도저와 같은 역할을 어느 정도 해낼 수 있도록 한 장치가 바로 이 배토판이다. 배토판 역시 유압으로

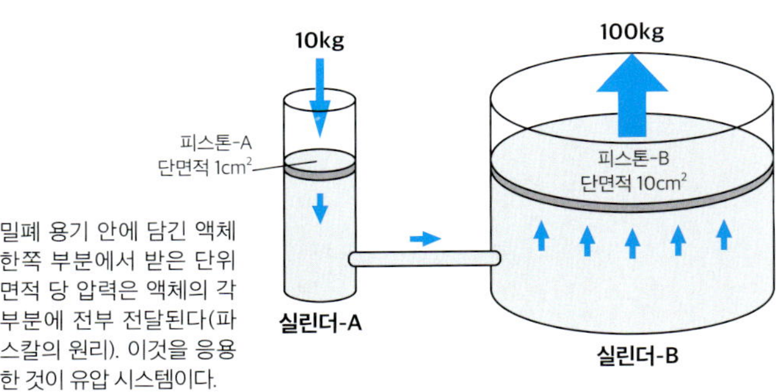

밀폐 용기 안에 담긴 액체 한쪽 부분에서 받은 단위 면적 당 압력은 액체의 각 부분에 전부 전달된다(파스칼의 원리). 이것을 응용한 것이 유압 시스템이다.

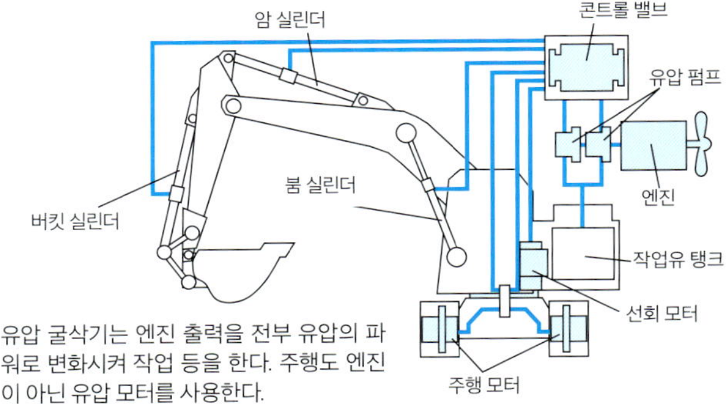

유압 굴삭기는 엔진 출력을 전부 유압의 파워로 변화시켜 작업 등을 한다. 주행도 엔진이 아닌 유압 모터를 사용한다.

미니 굴삭기 각 부분의 명칭

작업기 장치(작업부 기구)

유압 굴삭기의 상징이라고 할 수 있는 굴삭 등의 작업을 하기 위한 장치. 유압에 의해 부드러우면서도 파워풀하게 움직여 효율적으로 작업을 한다.

유압 실린더

유압 펌프로부터 보내진 작동유에 의해 작동하며 작업기 장치를 움직인다. 붐, 암, 버킷에 각각의 전용 실린더가 있다.

상부 기구

엔진과 운전석이 있는 부분을 상부 기구라고 한다. 스윙 서클(swing circle)이라고 하는 기구로 하부 기구와 연결되어 있어 360도 회전한다.

운전석

좌석과 조작 레버, 페달류 등이 있다. 사진과 같이 지붕만 있는 캐노피 형과 주위를 둘러싼 캐빈 형이 있다.

엔진·유압 펌프

엔진과 유압 펌프나 작동유 탱크 등 유압 시스템의 근간이 되는 부분이 상부 기구의 중앙에 들어 있다.

붐

작업기 장치의 근원에 해당하며, 가장 긴 가동 부분. 이것을 움직이는 것으로 작업기 장치 전부를 올리고 내리는 것이 가능하다.

암

작업기 장치 중에서 붐과 버킷을 연결하는 부분. 암을 얼마나 잘 움직이느냐에 따라 굴삭 효율이 크게 올라간다.

카운터 웨이트

작업 안전성 확보에 없어서는 안 될 카운터 웨이트(평형추)도 상부 기구. 최근 미니 굴삭기에서는 웨이트도 콤팩트해졌다.

버킷

작업기 장치 앞부분에 있어 흙을 푸거나 돌을 부수거나 한다. 용량과 형태는 다양하다. 각종 부속 장치로 교환할 수 있는 기종도 있다.

배토판

불도저의 블레이드(blade)와 같은 역할을 한다. 한 대로 다양한 역할을 하는 미니 굴삭기 특유의 장비로 유압에 의해 상하로 움직인다.

크롤러

주행용 무한궤도. 무한궤도 프레임이라고도 한다. 금속제와 고무제가 있는데 미니 굴삭기에는 고무제가 많다. 캐터필러는 상표명.

하부 기구

주행을 위한 장치가 있고, 작업을 할 때에도 토대가 된다. 주된 부분을 트럭 프레임이라고 한다. 스윙 서클로 상부 기구와 연결되어 있다.

오르내린다.

　운전석은 캐빈형, 또는 지붕만 있는 캐노피형이 있고, 기종에 따라서는 사양을 선택할 수 있는 경우도 있다.

항상 주변에 주의를 기울일 것

유압 굴삭기의 가장 큰 특징은 앞에서 말한 유압 시스템으로부터 강력한 힘이 나온다는 것이다. 미니 굴삭기만 해도 그 힘은 상당히 크다. 따라서 운전을 할 때는 각별한 주의가 필요하다.

　특히 작업기 장치(붐, 암, 버킷)는 운전석이 있는 상부 기구와 함께 좌우로 크게 선회한다. 운전석에 있으면 선회 속도가 느리게 느껴져도 버킷의 끝은 꽤 빠른 속도로 움직이고 있다. 따라서 '작업 반경 내에는 절대로 들어가지 않는 것'이 철칙이다. 물론 운전자는 주위에 사람이 없는지 항상 눈으로 확인하면서 신중하게 작업해야 한다.

　또한 '표준형'이라고 불리는 기종의 경우 상부 기구 뒤편(운전석 뒤)이 튀어나와 있기 때문에 상부 기구가 선회할 때 이 부분이 하부 기구보다 튀어나오게 된다. 작업기 장치와 비교하면 회전 반경은 작지만 여기에는 무거운 엔진과 카운터 웨이트(counter weight)가 배치되어 있기 때문에 만약 무엇인가에 부딪치면 상당히 큰 타격을 주게 된다.

　최근에는 이러한 돌출부 없이 '후방 최소 선회 타입'이나 '최소 선회 타입'이 증가하고 있지만 중고 중기를 빌려서 사용하는 경우 등에는 선방과 측방뿐 아니라 후방에도 충분한 주의를 기울이지 않으면 안 된다.

　주행에 있어서도 유압 굴삭기만의 특징이 있다. 상부 기구가 360도 회전하기 때문에 상황에 따라 운전석이 180도 회전하면 '역주행'의 상태가 되는 경우도 있다. 그러나 이 경우에도 주행 레버를 움직이는 방향은 평소와 다름없다. 따라서 이 '역주행' 상태에서 앞으로 나가기 위한 레버 조작은 '후진'이 된다(작업기 장치는 운전석과 같이 선회하기 때문에 좌우는 항상 변함이 없다).

　굴삭기는 작업 특성 상 정지 상태에서 작업기 장치를 움직이는 경우가 많기 때문에 만일 작업하는 동안 전후 방향을 착각하면 차체를 움직일 때 사고가 발생할 위험성이 있다. 낭떠러지 근처 등에서 작업할 때에는 더욱 위험하다. 차체를 움직이기 전에는 반드시 배토판의 위치를 보고 전후를 확인하도록 한다.

　배토판이 달려 있지 않은 차종이나 진흙 등이 붙어 있어 아래가 보이지 않는 경우에는 일단 조금만 주행 레버를 움직여 보고 어느 쪽으로 나가는가를 확인해 보길 바란다.

　또 버킷에 있는 크레인 작업용 후크(기종에 따라 있을 수도 있고, 없을 수도 있다)에 대해서도 주의해야할 점이 있다. 원래 굴삭기에는 무거운 물건을 높이 매다는 것이 불가능하기 때문에 어디까지나 보조적인 크레인 장비이지만, 안이하게 사용하면 사고로 이어지므로 주의를 기울여야 한다.

작업 반경 내 진입 금지!
운전석에서 체감하는 것 이상으로 작업기 장치의 움직임이 크고 빠르다. 작업 반경 내 진입 금지는 철칙이다. 표준형은 후방이 돌출되어 있으므로 주의해야 한다.

전후 방향에 요주의!
상부 기구가 180도 회전한 상태에서는 전후 방향이 완전이 반대가 되기 때문에 주의를 요한다. 전방으로 이동하려면 '후진'으로 조작해야 한다.

크레인 작업은 제한적!
기종에 따라 버킷에 크레인용 후크가 구비되어 있지만 이용하려면 각별한 주의가 필요하다. 굴삭기를 운전하는 것 뿐만 아니라 물건을 매달 때도 주의를 기울여야 한다.

운전의 기본

교육을 마치고 차량계 건설 기계 운전 자격을 취득한 독자를 위해서 미니 굴삭기 운전의 기본을 '복습'할 수 있도록 기본적인 항목을 해설한다. 기본을 재확인하고자 하는 사람이나 장롱면허 상태에서 헤어나지 못하는 사람은 참고하길 바란다.

이 설명에서 이용한 유압 굴삭기 운전석에서 전방을 바라봤을 때 모습. 대부분의 미니 굴삭기에서는 붐이 운전석 정면에 있지만, 이 차량은 붐이 운전석 오른쪽에서 나와 있기 때문에 버킷의 움직임이 잘 보인다.

레버를 복합적으로 조작한다

이 장에서는 유압 굴삭기 작동 방식의 기본과 실제에 대해 설명하고자 한다.

설명은 미니 굴삭기가 아닌 유압 굴삭기를 기준으로 진행되며 따라서 이 내용은 무시험 면허 취득이 아닌 국가기술자격 취득의 수준이라 할 수 있다. 미니 굴삭기와 유압 굴삭기는 기본적으로 '닮은꼴'의 관계로서, 운전 방식은 다르지 않다. 언제나 '큰 것은 작은 것을 겸하기' 때문에 이 유압 굴삭기의 운전에 숙련되면 미니 굴삭기도 문제없이 다룰 수 있다. 단 미니 굴삭기는 비교적 작은 힘으로 각 부분을 움직이기 때문에 큰 기계와 비교해 다소 불편하다고 느낄 수도 있다. 이는 일반 자동차와 경차의 관계와 비슷해서 작은 기계를 운전하는 것이 어떤 의미에서는 오히려 '더 어렵다'고 느껴지는 것과 같다.

본격적으로 작동하기 전에 운전석 앞과 좌우에 있는 총 4개의 레버와 기계 각 부분 움직임의 관계, 즉 '조작 패턴'을 기억하도록 한다(39p 참조).

우선 전방에 나란히 있는 2개의 레버가 주행 레버다. 오른쪽 주행 레버를 앞으로 밀면 오른쪽 크롤러가 전진하고, 몸 쪽으로 당기면 후진한다. 왼쪽 주행 레버를 앞으로 밀면 왼쪽 크롤러가 전진하고, 몸 쪽으로 당기면 후진한다. 이렇듯 오른쪽과 왼쪽이 똑같이 작동하기 때문에 주행에 대해서는 별로 헷갈리지 않고 직관적으로 조작할 수 있다.

여기에서 기억해둘 것은 어떤 레버도 '온-오프'가 아니라 연속적이며 중간 위치로 유압을 컨트롤할 수 있다는 것이다. 주행 레버의 경우 오른쪽 레버만을 전방으로 밀면 차체가 그 자리에서 왼쪽을 향하지만 좌우 레버를 약간 앞으로 민 상태에서 오른쪽 레버만을 더 밀면 주행하면서 왼쪽으로 커브를 돌 수 있다. 모든 레버는 몇 개든 동시에 각각의 가동 범위 내에서는 자유롭게 움직일 수 있기 때문에 복합적으로 섬세한 작동도 가능하다.

특히 작업기 장치를 움직이는 오른손 조작 레버와 왼손 조작 레버는 실제 작업에서는 거의 항상 복합적으로 조작하게 된다.

오른손 조작 레버가 담당하는 것은 붐과 버킷이다. 앞으로 밀면 붐이 내려가고, 몸 쪽으로 당기면 붐이 올라간다. 버킷의 컨트롤은 같은 레버를 오른쪽 또는 왼쪽으로 밀어서 한다. 전후와 좌우, 네 방향뿐만 아니라 중간 위치에도 둘 수 있기 때문에 '붐을 올리면서 버킷을 끌어당기는' 복합적인 작동을 오른손만으로 할 수 있다.

왼손 조작 레버는 암과 선회 담당이다. 전후로 움직여 암을 펼치거나 접고 좌우 조작으로 상부 기구와 작업기 장치 전체를 선회시킨다. 붐, 암, 버킷의 작업기 장치만을 움직일 경우 '오른손의 전후/좌우', '왼손의 전후' 움직임을 조화시키는 것이 된다.

지금까지 설명한 조작 패턴은 일본공업규격(JIS)이 정한 것이다. 과거에는 제조사에 따라 부분적으로 조작이 달랐지만 현재는 JIS 패턴으로 통일되어 있다(제조사 별 구 패턴은 48p 참조).

01 레버와 동작의 관계

주행 레버

앞쪽으로 → 전진한다

주행 레버를 좌우 가지런히 앞으로 밀면 앞으로 전진한다(좌). 레버의 아래쪽에는 페달이 설치되어 있어 양손이 매어 있을 때에는 발로도 손과 똑같은 조작이 가능하다(우).

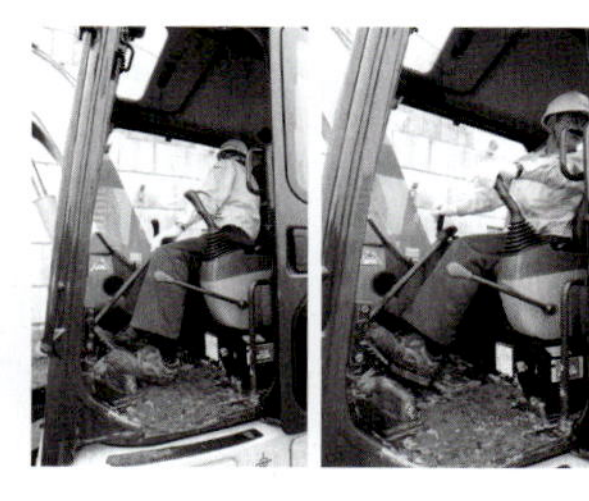

몸 쪽으로 → 후진한다

주행 레버를 좌우 가지런히 몸 쪽으로 당기면 후진한다(좌). 전진과 같이 페달도 사용할 수 있다(우). 그러나 페달만 써서 후진하는 경우는 드물다. 후진할 때는 반드시 눈으로 보고 안전을 확인하는 것이 원칙이다.

오른쪽 레버를 앞쪽으로 → 왼쪽으로회전
왼쪽 레버를 앞쪽으로 → 오른쪽으로 회전

오른쪽의 주행 레버는 오른쪽 크롤러만을, 왼쪽의 주행 레버는 왼쪽 크롤러만을 움직인다. 좌우가 독립되어 있기 때문에 오른쪽 레버를 왼쪽 레버보다도 전방으로 밀면 왼쪽으로 돌아가고, 왼쪽 레버를 오른쪽 레버보다도 전방으로 밀면 오른쪽으로 돌아간다(후진할 때도 같은 방식). 좌우를 서로 다르게 움직이면 제자리 회전도 가능하다.

왼손 조작 레버

앞으로 → 암을 뻗는다

왼손 조작 레버를 앞으로 밀면 암이 앞으로 펼쳐진다.

몸 쪽으로 → 암을 당긴다

왼손 조작 레버를 몸 쪽으로 당기면 암이 차체 쪽으로 당겨져 접힌다.

안쪽으로 → 우선회한다

왼손 조작 레버를 안쪽(우측)으로 밀면 상부 기구 전체가 오른쪽으로 선회한다.

바깥쪽으로 → 좌선회한다

왼손 조작 레버를 바깥쪽(좌측)으로 밀면 상부 기구 전체가 왼쪽으로 선회한다.

오른손 조작 레버

앞으로 → 붐을 내린다

오른손 조작 레버를 앞으로 밀면 붐이 내려가 작업기 장치 전체가 아래로 움직인다.

몸 쪽으로 → 붐을 올린다

오른손 조작 레버를 몸 쪽으로 당기면 붐이 올라가 작업기 장치 전체가 위로 움직인다.

안쪽으로 → 버킷을 당긴다

오른손 조작 레버를 안쪽(좌측)으로 밀면 버킷이 차체 쪽으로 당겨져 굴삭 동작을 한다.

바깥쪽으로 → 버킷을 뻗는다

오른손 조작 레버를 바깥쪽(우측)으로 밀면 버킷을 앞으로 뻗어 버킷 안의 물건을 비우는 동작을 한다.

레버를 감싸 안듯

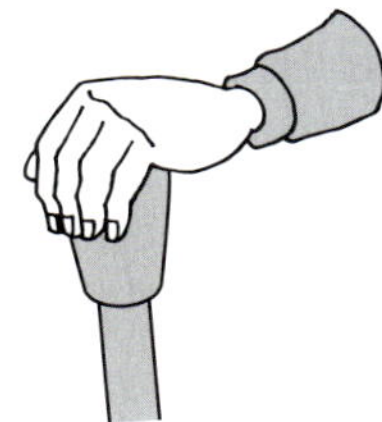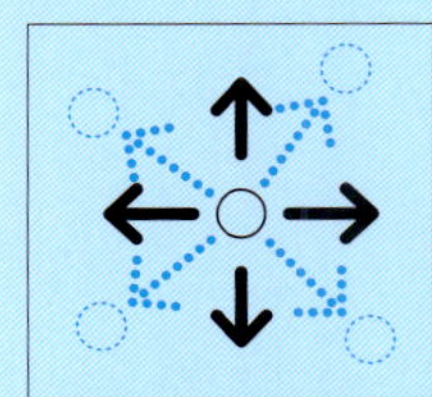

오른손과 왼손의 조작 레버는 옆에서 움켜쥐는 것이 아니라 위에서부터 감싸 안는 것처럼 쥐어야 작동이 쉽고 보다 섬세하게 조작할 수 있다.

스트로크(stroke)는 무단계

조작 레버는 좌우와 함께 전 방향으로 자유롭게 움직일 수 있어서 '붐을 올리면서 버킷을 끌어당기는' 복합적인 작동도 가능하다.

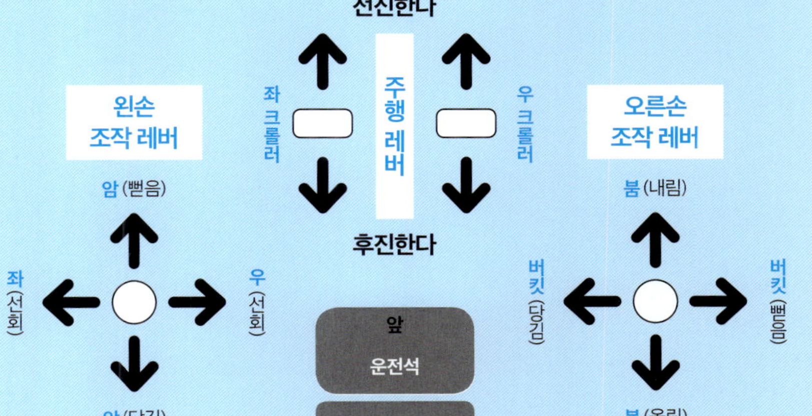

02 굴삭하기

암과 버킷을 모두 사용

지면 보다 아래에 있는 흙을 파는 '굴삭'은 유압 굴삭기의 기본 동작이며 주목적이기도 하다.

주의할 점은 암과 버킷을 조화롭게 사용하는 것이다. 초보자의 경우 버킷은 레버 하나로 움직일 수 있기 때문에 쉽게 버킷만으로 '떠내듯이' 파려고 하기 쉽다. 하지만 그러면 애써 떠낸 흙이 흘러내려 버킷 안에는 충분한 양이 남지 않는다. 우선 암의 힘을 이용해 버킷 안으로 흙이 충분히 들어가도록 한 다음에 버킷을 들어 올리는 것이 좋다.

레버를 조작할 때는 왼손을 몸 쪽으로 바짝 붙여 암을 당기고, 오른쪽은 안쪽(좌측)으로 바짝 붙여 버킷을 당긴다. 이를 동시에 행하면서 버킷을 봐가면서 당김 정도를 조절한다.

버킷의 힘을 효율적으로 사용할 수 있는 각도도 기억해둔다. 바로 옆에서 봐서 암의 각도가 '전방 45도에서 몸 앞쪽으로 30도' 지점에서 버킷의 굴삭력은 최대가 된다(아래 오른쪽 그림). 처음에 암을 사용해 버킷을 어느 정도 깊이까지 꽂아 넣을 때도 이 범위에서 하는 것도 효율적으로 버킷을 활용할 수 있기 때문이다.

주요 조작 레버

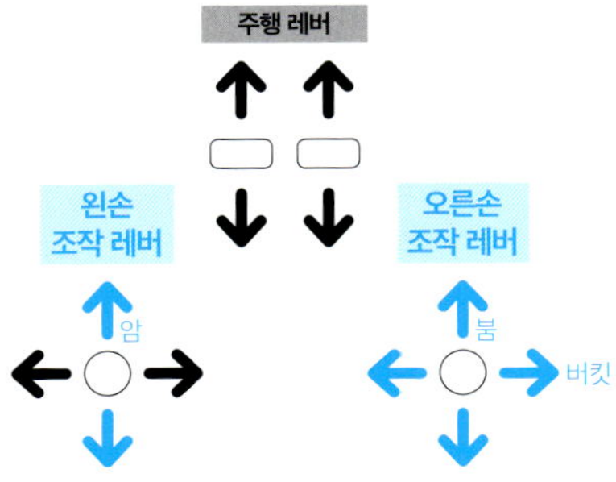

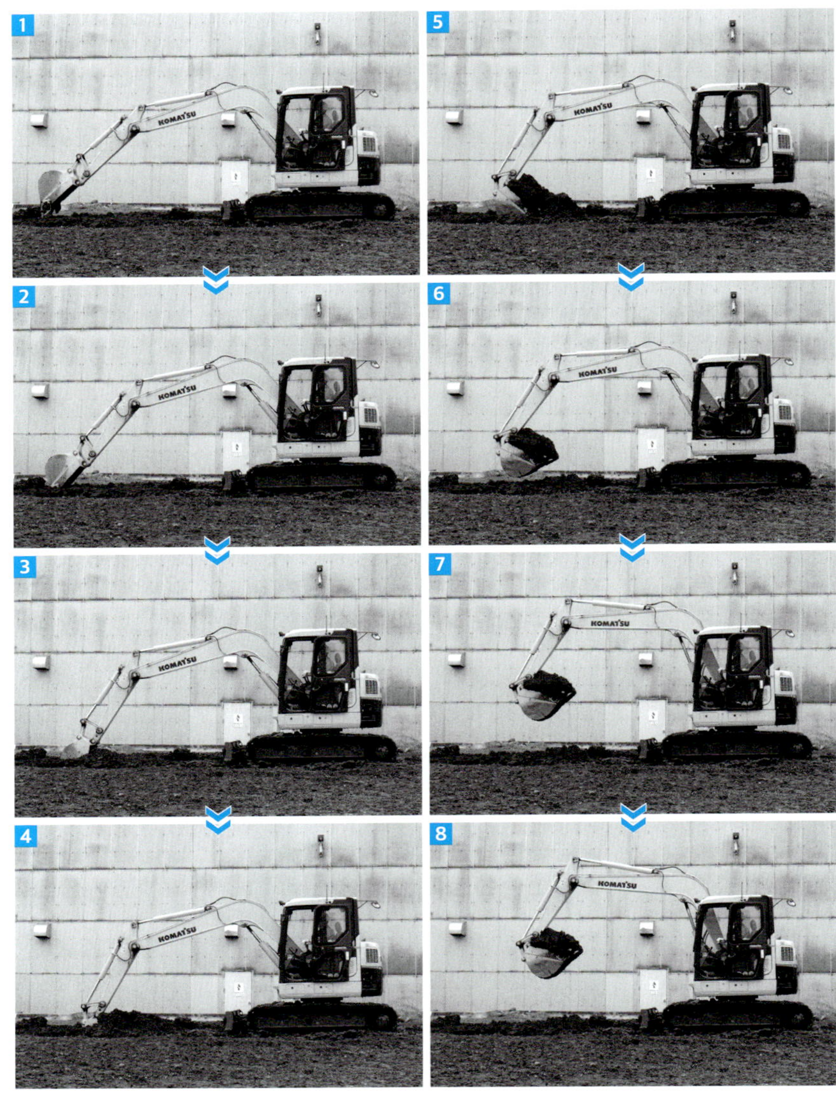

힘을 내는 각도로 일한다

암을 몸 쪽으로 당기는 동작에 의해 버킷을 땅 속 깊숙이 꽂아 넣어(1~3), 버킷이 땅 속에 깊이 들어간 시점에서 버킷을 몸 쪽으로 당기기 시작한다(4). 버킷 가득 흙이 들어오면 흘리지 않도록 버킷을 몸 쪽으로 깊이 당기면서 붐과 암을 조작해 버킷을 들어 올린다(5~8).

버킷 조작만으로는 충분히 담을 수 없다

대부분의 초보자들이 처음에는 버킷만 사용해서 굴삭을 하려다가 실패한다. 버킷을 땅 속에 충분히 꽂아 넣지 않은 채 몸 쪽으로 레버를 당기면, 버킷의 앞쪽에 소량의 흙만 들어간다. 왼손 조작 레버도 동시에 움직여서 암을 효과적으로 사용하도록 한다.

효율적인 굴삭을 위한 암의 각도

암을 움직여 유압 실린더가 가장 효율적인 힘을 발휘할 수 있는 각도는 바로 옆에서 볼 때 약 '전방 45도에서부터 몸 쪽 30도'의 범위이다. 크게 신경 쓸 필요는 없지만 처음 버킷을 땅 속에 꽂아 넣는 단계에서 각도를 어느 정도 의식해 두는 것이 좋다.

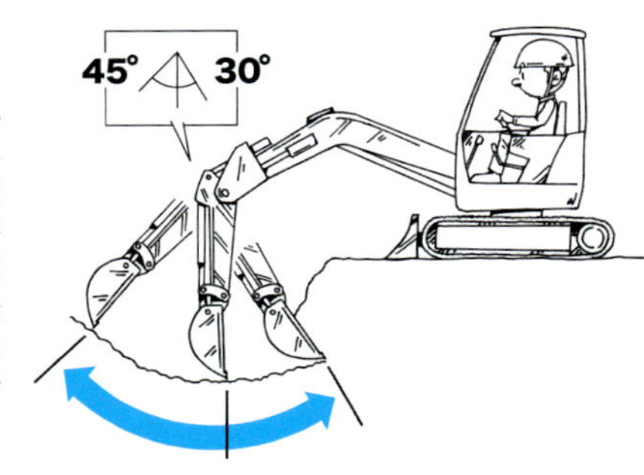

03 버킷 내용물 비우기

버킷의 각도를 유지하며 선회

흙을 팠다면 이번에는 그것을 어딘가에 이동시켜보자. 파낸 흙이 쏟아지지 않도록 버킷에 담은 채로 내리고자 하는 장소까지 버킷을 이동시켜 내용물을 비운다.

실제 작업에서는 판 지점의 오른쪽이나 왼쪽에 흙을 비우는 경우가 많기 때문에 이때 선회라는 작업이 필요하다. 앞에서 말했듯 버킷에 충분한 흙이 들어가도록 굴삭하고 나면 필요에 따라 오른쪽이나 왼쪽으로 선회한다. 이때 버킷 안의 흙이 쏟아지지 않도록 각도를 유지한 채로 선회한다.

연속 사진에서는 흙을 약간 오른쪽으로 가지고 간 다음에 비우는데, 이 경우 붐을 내리면서 암을 뻗고, 이와 동시에 버킷을 끌어당겨 흙이 쏟아지지 않는 각도를 유지할 필요가 있다. 몸 쪽으로 가져온 다음 비울 경우에는 이와 반대로 버킷을 밖으로 밀어내는 조작을 해서 각도를 조정하게 된다.

주요 조작 레버

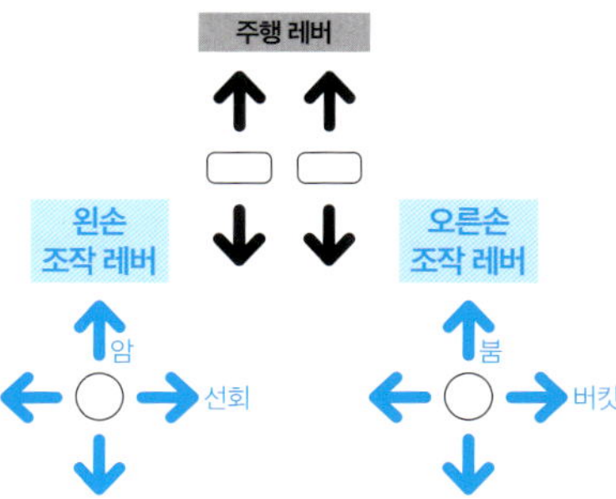

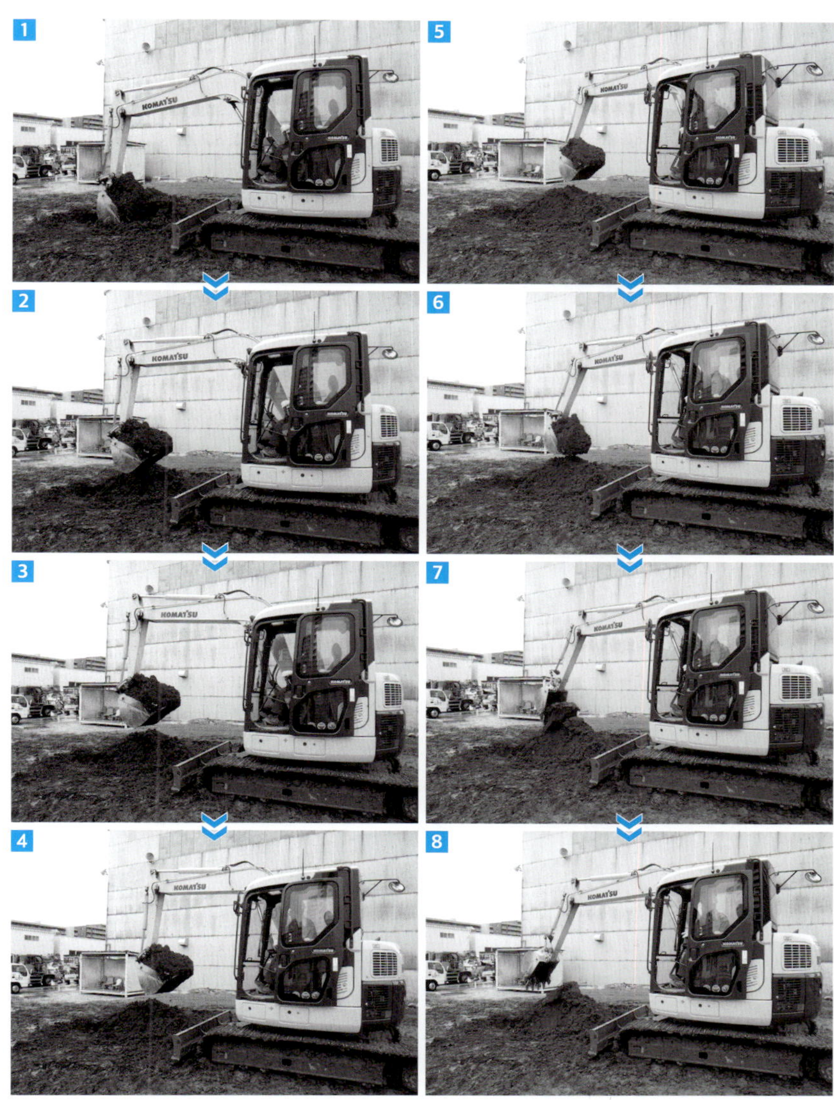

흙을 쏟지 않도록 각도를 유지한다

앞에서 설명한 것과 같은 요령으로 흙을 흘리지 않도록 버킷을 몸 쪽으로 당기면서 작업기 장치 전체를 선회할 수 있는 높이까지 끌어올린다(1~3). 작업 반경 내에 사람이 없는 것을 확인하면서 천천히 선회한다(4·5). 붐과 암을 조작해 흙을 비우고자 하는 장소까지 버킷을 가지고 간다. 이와 함께 흙을 쏟지 않도록 필요에 따라 버킷을 당기거나 또는 뻗는 동작을 한다(6). 버킷을 뻗어 내용물을 비운다(7·8)

사람의 팔에 비유하면 알기 쉽다

실제로 전문가들이 유압 굴삭기를 능숙하게 조작하는 모습을 보면 유압 굴삭기의 작업기 장치(붐, 암, 버킷)가 사람의 팔과 거의 같다는 것을 알 수 있다. 각각의 핵심이 되는 링크는 '어깨, 팔꿈치, 손목'의 관절에 해당하며 그것을 움직이는 유압 실린더는 근육이다.

정석은 아니지만 조작 감각을 손에 익히는 요령으로서 자신의 거대한 손이 흙을 파고 있는 것을 상상하면서 해보는 것도 하나의 방법일 것이다.

실제로 전문가의 운전은 상당히 매끄러워서 작업기 장치가 정말 '손의 연장'인 것처럼 사용되는 것을 볼 수 있다.

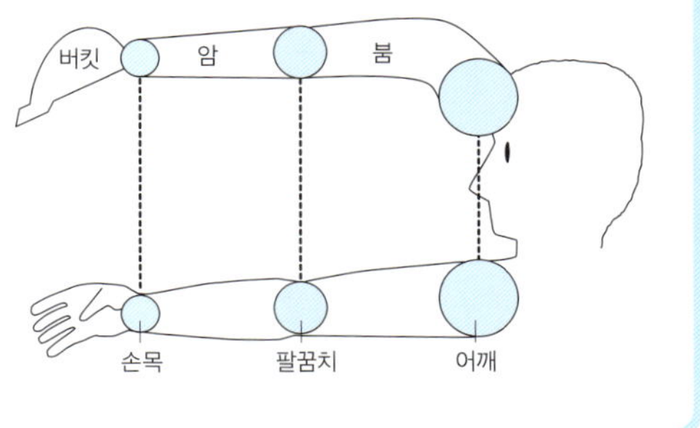

04 되메우기

굴삭보다 적은 양이지만 섬세하게

다음으로는 굴삭한 구덩이를 되메워 본다. 이것은 유압 실린더로 하는 꽤 어려운 작업 중 하나이다.

구덩이를 되메우기 위해서는 지면 보다 위에 쌓인 흙을 떠내는 작업이 필요하지만 지면 보다 '아래에' 있는 흙을 '파내는' 것을 주목적으로 하는 유압 굴삭기를 사용해 이 동작을 하는 것이 그다지 쉽지는 않다. 때문에 굴삭과 비교해 보면 버킷 안으로 들어가는 흙의 양은 훨씬 적다.

조작에 있어 포인트는 암을 몸 쪽으로 끌어당기면서 흙을 긁어모으고 버킷을 안쪽으로 돌리면서 떠내는 것이다. 각각의 동작을 '탁! 탁!' 소리가 날 정도로 세게 하면 흙이 쏟아지기 때문에 가능한 섬세하게 조작하자.

떠낸 흙은 앞에서 말한 요령으로 구덩이 안에 돋운다. 이것을 반복하면서 구덩이를 되메워 간다.

주요 조작 레버

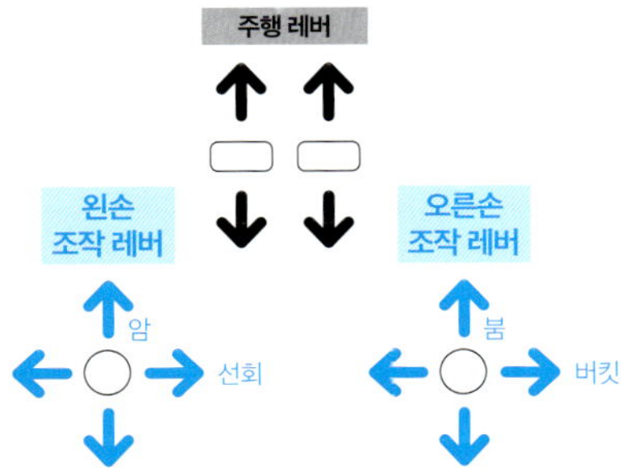

사실은 꽤 어렵다

유압 굴삭기는 지면 보다 위에 있는 것을 떠내는 것에는 능숙하지 못하다. 가능한 많은 흙을 떠낼 수 있도록 굴삭할 때와 같이 우선 암을 당겨서 버킷에 흙을 담고, 그 다음에 버킷을 당기는 것이 좋다(1~3). 흙을 쏟지 않도록 버킷을 깊이 끌어당기면서 붐 조작으로 들어 올려 되메운 구덩이 위까지 선회한다(4·5). 앞에서 말한 요령으로 버킷을 젖혀 구덩이 안으로 흙을 돋운다(6~8).

평평하게 고르기 전에는 잠시 기다린다!

되메운 구덩이의 표면은 곧바로 버킷의 등을 이용해 고르게 할 수 있을 것만 같다. 쉬울 것 같아 보이지만 버킷을 지면에 댄 채 좌우로 '선회하여' 평평하게 고르려고 하면 작업기 장치에 무리가 갈 위험이 있다. 조급하게 생각하지 말고 잠시 시간을 두고, 오른쪽 면의 순서로 정확하게 하도록 하자.

05 버킷으로 지면을 평평하게 고르기

어디까지나 부드럽게

구덩이를 되메운 다음 지면을 '평평하게 고를' 때에는 버킷의 앞부분을 사용한다.

작업의 필요에 따라 정해진 버킷의 날 끝 높이와 각도를 유지한 채 작업기 장치 전체를 평행하게 앞뒤로 움직여 지면을 평평하게 고르면 되지만 이는 상당한 숙련을 필요로 하는 동작이다. 붐, 암, 버킷 3개를 동시에, 그리고 복합적으로 조작하지 않으면 안 된다. 감이 좋은 사람이라도 2~3일의 연습은 필요하다.

지면을 평평하게 고른 다음에는 흙을 누르지 말고 버킷의 날 끝을 앞뒤로 부드럽게 왕복해 매끄럽게 한다. 사람의 몇 배에 해당하는 힘을 가진 유압 굴삭기이지만 거칠게 지면을 고르는 정도라면 이것으로 충분할 것이다.

요령을 터득하려면 아래에 소개한 방법으로 연습하면 된다. 안전한 장소에서 여러 번 연습해 보길 바란다.

주요 조작 레버

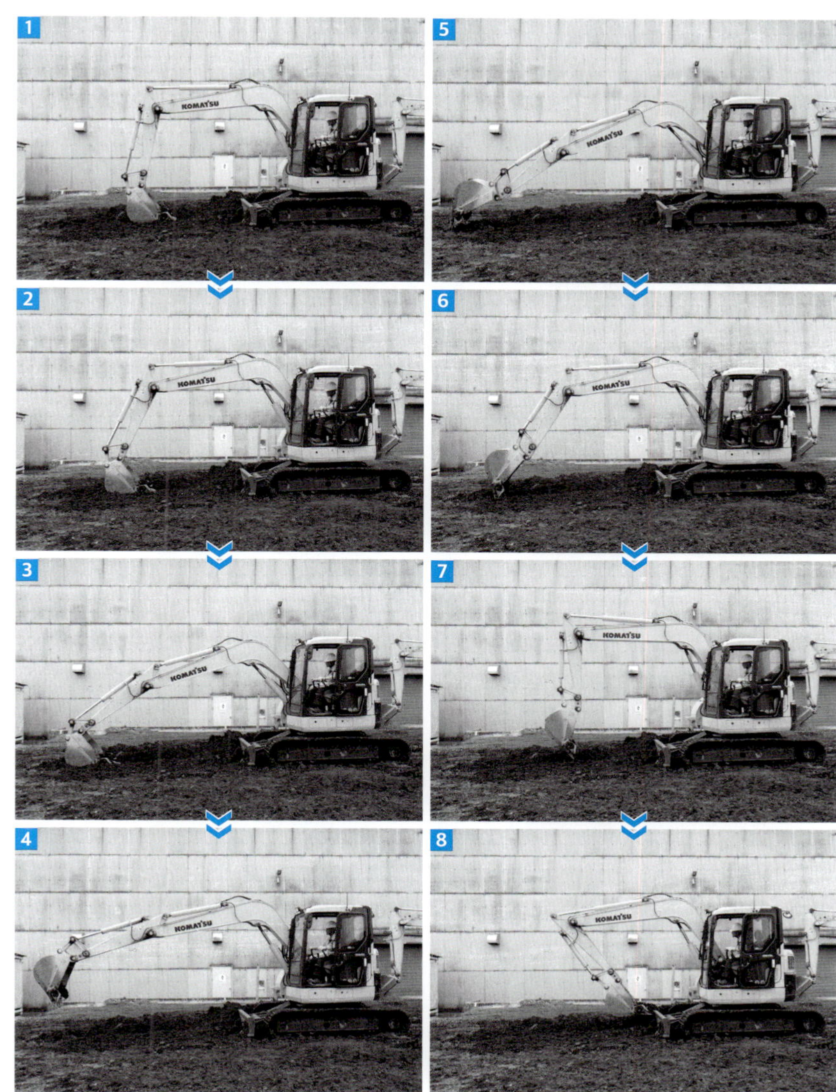

버킷을 앞뒤로 왕복해 평평하게 고른다
버킷의 등이 지면에 닿을 정도의 높이에서 시작해 '붐을 올리고', '암을 뻗고', '버킷을 당기는' 세 동작을 동시에 하면서 지면을 평평하게 고른다(1~4). 버킷으로 지면을 누르는 것이 아니라 등과 날 끝으로 여분의 흙을 쓸어 낸다는 생각으로 한다. 다음은 버킷을 몸 쪽으로 끌어당겨 오면서 날 끝으로 지면을 쓴다(5~8). 주로 '붐을 올리고', '암을 당기는' 동작을 적절히 해 가며 날 끝의 높이를 유지한다. 7의 단계를 넘어가면 붐은 '내리는' 동작이 된다.

연습 방법 : 버킷의 높이를 유지한다
버킷의 높이와 각도를 유지하는 연습을 해두면 '평평하게 고르기'를 비롯한 복합적인 동작을 숙달할 수 있다. 굴삭을 시작할 때의 '전방 45도'에서부터 '붐을 올리기' 시작하고, '암을 당기는' 동작으로 버킷의 날 끝을 지상 10cm 정도(운전석에서 잘 보이는)로 유지한 채 몸 쪽으로 끌어당긴다. '버킷을 밀어내는' 동작도 추가해 가능한 각도를 일정하게 유지한다. 어느 정도 끌어당기고 나면 붐이 움직이는 방향이 반대가 되는 것에 주의한다. 이 과정을 반복한다.

06 배토판을 이용해 지면을 평평하게 고르기

전후로 왕복하며 평평하게

배토판을 사용하면 작업기 장치와는 다른 방식으로 야트막하게 패인 곳을 매립하거나 지면 고르기 작업 등을 할 수 있다. 오른쪽은 되메우기를 한 다음인 것으로 보이는 거친 지면 위를 왕복하면서 배토판을 이용해 지면을 고르고 있는 모습이다.

이 작업의 주요 포인트는 배토판으로부터 삐져나오려고 하는 흙을 옆으로 붙이듯이 지면을 고르는 것, 그리고 주행 라인을 조금씩 바꿔가는 것이다. 후진할 때도 배토판을 적절히 내려두면 여분의 흙을 고를 수 있다. 지면이 어느 정도 평평해졌다면 앞에서 설명한 버킷을 사용한 지면 고르기 방식으로 마무리하면 좋다.

크롤러에 의한 지반 다지기도 어느 정도 함께 할 수 있다. 그러나 불도저와 비교하면 다질 수 있는 지반의 너비가 한정되어 있으며 주행 속도도 느리기 때문에 넓은 면적의 지반 다지기에는 적당하지 않다. 좁은 장소를 한번 밟아 다지는 정도라고 생각하자.

주요 조작 레버

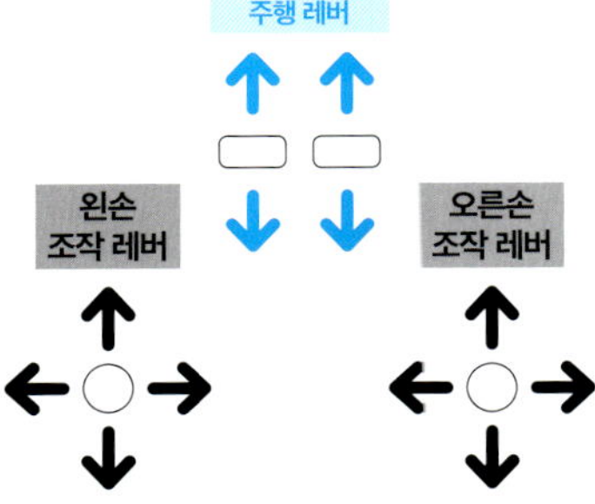

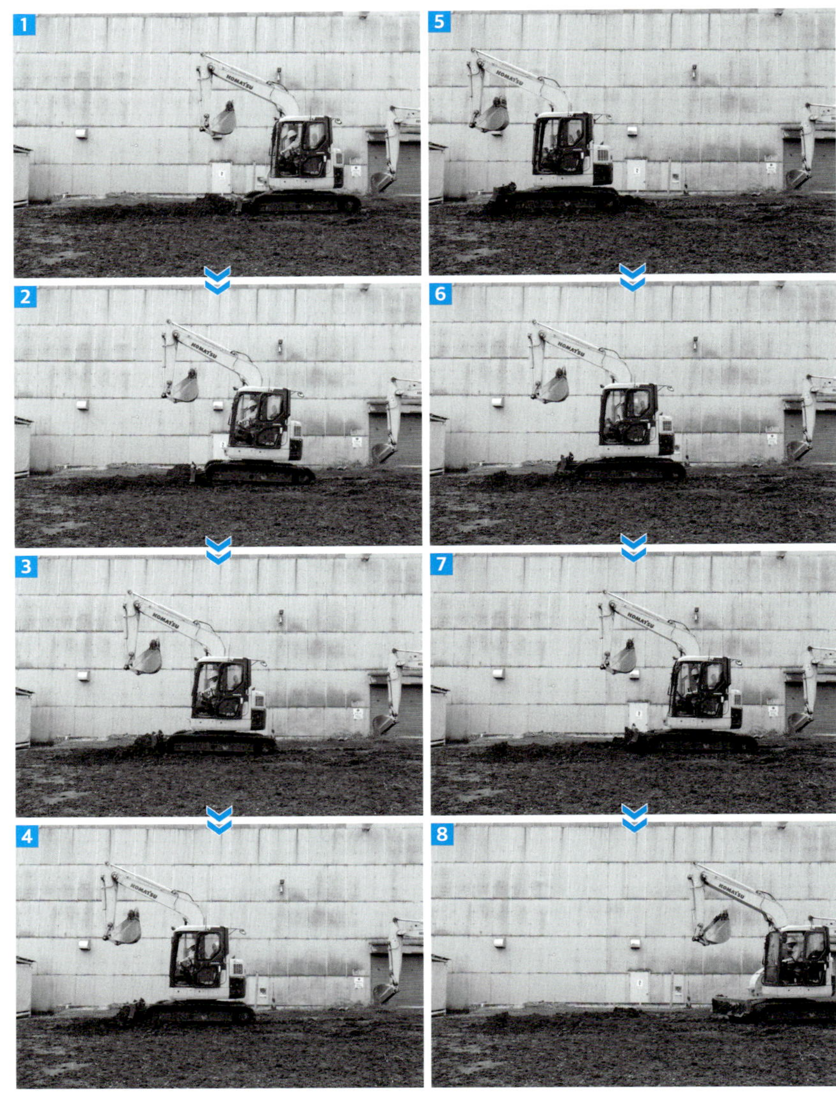

주행 라인을 바꾸어 전진·후진한다

작업기 장치를 위로 올린 상태에서 전후로 왕복 주행 해 지면을 평평하게 고른다. 지면에 맞춰 배토판을 내린 다음 여분의 흙더미를 무너뜨리면서 전진해 지면을 고른다(1~4). 이때 배토판으로부터 밀려나오는 흙이 한쪽 편으로 가도록 차체가 약간 오른쪽 방향을 향해 전진하고 있다. 전진이 끝나면 약간 오른쪽으로 방향을 틀어 후진한다(5~8). 후진할 때도 필요에 따라 배토판으로 여분의 흙을 고른다. 계속 해서 다음 라인도 같은 방법으로 지면을 고른다.

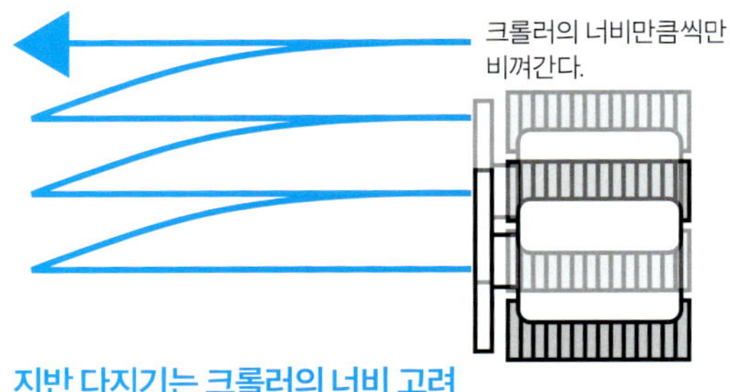

위에서 보면 이런 느낌

위의 사진을 부감으로 보면 다음과 된다. 주행하는 라인을 바꾸어가며 평평하게 고른다. 전진할 때 실제는 배토판에서 삐져나간 흙이 오른쪽에 모이도록 조금 오른쪽으로 방향을 틀어 주행하고 있다.

지반 다지기는 크롤러의 너비 고려

지반 다지기는 크롤러의 힘으로도 어느 정도 가능하다. 이 경우 라인을 바꿀 때 크롤러의 너비만큼씩만 조금씩 비껴간다.

07 응용 조작

어디까지나 임시방편으로

일반적인 조작 방법은 아니지만 유압 굴삭기를 운전해본 경험이 있다면 누구나 한번쯤 생각해보았을 응용 조작의 예를 살펴보자.

우선 오른쪽은 차체가 구덩이에 끼어 크롤러 동작만으로는 탈출할 수 없을 경우의 탈출법이다. 작업기 장치를 보조적으로 사용해 차체를 끌어당겨 올리는 것이다. '발이 안 되면 손을 사용하라'라는 것, 다시 말해 유압 굴삭기가 아니라면 불가능한 방법이라고 할 수 있다.

아래의 두 가지 예는 크롤러에 붙은 진흙을 떨어뜨리는 방법이다. 위 사진은 상부 기구를 뒤를 향하도록 하고, 배토판으로 지면을 밀어붙여 차체 앞부분을 띄우고, 이어서 작업기 장치로 지면을 밀어붙여 차체 뒷부분을 띄워, 좌우 크롤러를 동시에 공회전하는 방법이다.

아래 사진은 상부 기구가 측면을 향하도록 하고, 작업기 장치로 지면을 밀어붙여 공중에 뜬 쪽 크롤러를 공회전 시켜 진흙을 떨어뜨리는 방법이다. 그러나 이 방법을 사용할 때 만일 공중에 뜬 크롤러가 어느 쪽인지 좌우를 착각해서 공회전을 하게 되면 비틀어지면서 사고로 이어질 수 있다. 따라서 이 방법을 쓸 때는 신중에 신중을 기해야 한다.

구덩이로부터 탈출하기

크롤러만으로는 탈출이 어려운 경우에 작업기 장치를 병용하는 방법. 단단한 지면까지 작업기 장치를 뻗어서 안전을 확인한 다음(1), 크롤러로 전진하는 것과 동시에 붐과 암을 몸 쪽으로 끌어당기듯이 하여 차체를 끌어 올린다(2~4).

차체를 띄워 진흙 떨어뜨리기

배토판을 최대로 내려 차체 앞부분을 띄우고, 작업기 장치를 사용해 차체 뒷부분도 띄운다. 이 상태에서 좌우 크롤러를 공회전시켜 달라붙은 진흙을 떨어뜨린다.

한 쪽씩 진흙 떨어뜨리기-조심!

상부 기구가 측면을 향하도록 하고, 작업기 장치를 사용해 공중에 띄운 쪽의 크롤러를 공회전시켜 진흙을 떨어뜨리는 방법. 위험이 따르기 때문에 세심한 주의가 필요하다.

08 스윙 기구 활용하기

벽체 굴삭도 쉽게

일반적인 유압 굴삭기는 상부 기구와 작업기 장치의 좌우가 고정되어 항상 같은 방향을 향하게 되어 있다. 이에 반해 장비 중량 6톤 미만의 미니 굴삭기는 대부분 붐이 좌우 방향으로 움직일 수 있도록 '스윙 기구'로 연결되어 있다. 따라서 스윙과 선회를 적절히 활용하면 벽체 굴삭도 큰 어려움 없이 해낼 수 있다. 이는 도심 등 좁은 장소에서 효율적으로 작업할 수 있도록 설계된 미니 굴삭기만의 특징이다. 주택의 처마 밑이나 제방 아래에 도랑을 파려고 할 경우 좌우 고정식이라면 상당히 숙련된 기술이 필요하겠지만 이러한 스윙 기구가 있으면 비교적 간단하게 작업할 수 있다.

벽체 등에서 힘을 발휘

스윙 기구를 활용하면, 이와 같이 작업기 장치 전체를 차체와 평행으로 좌우로 비껴갈 수 있다. 최대로 스윙하면 하부 기구의 바깥쪽까지 움직인다. 좁은 장소에 끼어들어 가 작업하는 일이 많은 미니 굴삭기만의 매우 편리한 기능이다.

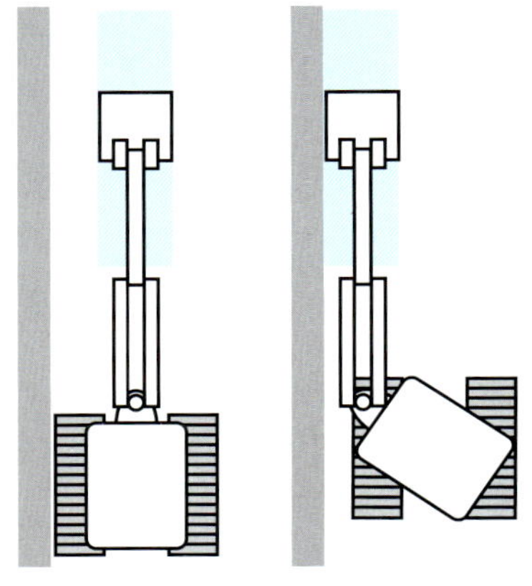

스윙 기구 개념도. 그다지 숙련되지 않아도 벽체 굴삭을 간단히 할 수 있다.

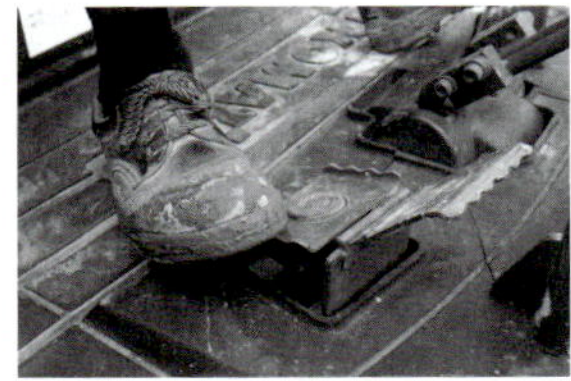
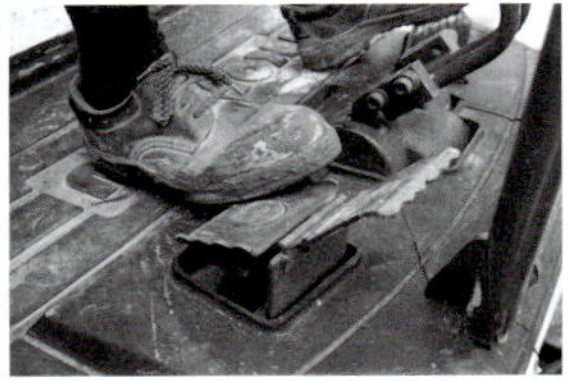

스윙 기구의 조작은 운전석의 페달로 한다. 작업기 장치를 오른쪽으로 스윙하려고 할 때 페달의 오른쪽을 밟는다.

작업기 장치를 왼쪽으로 스윙하려고 할 때는 페달의 왼쪽을 밟는다. 좌우 모두 주변에 사람이 없는지 확인하는 것은 필수이다.

필요한 만큼 스윙하고나면, 페달 커버를 몸 쪽으로 덮어 락을 걸 수 있다.

스윙 기구를 장착한 미니 굴삭기. 붐의 시작 부분에 유압 실린더가 설치되어 있어 작업기 장치 전체가 좌우로 움직인다.

스윙 기구의 유압 실린더. 유압 계통을 설치하면 이론 상으로는 필요한 기능을 추가할 수 있다는 점은 유압 시스템의 장점이다.

암이 비스듬하게(사선으로) 움직여 붐과 버킷이 평행을 유지한 채 좌우로 비껴가기 때문에 차체를 그대로 유지한 채 작업할 수 있는 최소 선회형 미니 굴삭기의 오프 세트 기구. 조작은 스윙 기구와 같이 페달로 한다.

어떤 경우에도
'지나치게 깎아 내는 것'은 금물

굴삭기 운전 강사인 호시노 씨에게 유압 굴삭기를 운전할 때의 마음가짐과 숙달 요령에 대해 물어보았다.

"학원에서 배우는 것은 스스로 기계를 움직일 수 있게 되는 것까지입니다. 그 다음은 현장에서 선배의 운전을 흉내내거나 스스로 '어떻게 할까?'를 생각하면서 배워 가는 것이라고 할 수 있습니다.

토목 기술의 대부분은 원래 현장에서 탄생한 것입니다. 현장에서는 주로 흙을 상대로 작업하는데, 흙을 구성하는 것은 흙의 입자, 물, 공기입니다. 즉 고체, 액체, 기체가 모두 섞여 들어가 있는 것을 상대로 하는 것이기 때문에 수학 이론만으로는 해결될 수 없는 것들 투성이입니다. 토목을 '경험학'이라고들 말하는 이 유입니다."

흙의 성질이 변하면 자연히 작업 포인트도 달라진다고 한다. 하지만 이에 반해 어떠한 경우에도 변하지 않는 공통의 주의점, 규칙과 같은 것도 있다.

"흙은 자연 상태에서 단 한번이라도 손이 닿으면 절대 원래 상태대로 되돌릴 수가 없습니다. 예를 들어 경사지를 한번 무너뜨렸다면 무너뜨리기 이전과 똑같은 상태로 되돌리는 것은 불가능합니다. 따라서 지나치게 깎아 내거나 파내는 것은 '절대 금물'입니다. 미니 굴삭기 조작이 어느 정도 숙달되었다 하더라도 이 점만큼은 주의하지 않으면 안 됩니다."

만일 과도하게 깎아 내고, 부분적으로 보강을 하면 그 이후로 그곳은 균일성을 잃는 것이다. 균일성을 잃은 지반 위에 집을 짓는다면 부등침하(구조물의 기초 지반이 균형을 잃고 내려앉아 구조물이 불균등하게 침하를 일으키는 것)의 원인이 될 수도 있다. 따라서 작업은 항상 여유를 가지고 천천히 진행해야 한다. 과잉 동작은 절대 금물이다. 원래 유압 굴삭기는 사람보다 훨씬 효율 높은 작업을 할 수 있기 때문에 급하게 덤벼들 필요가 전혀 없다.

"작업의 가감을 객관적으로 판단할 수 있다는 점에서 운전자 이외의 협력자가 가까이에 있는 것이 이상적이라 할 수 있습니다. 유압 굴삭기를 개인적으로 사용하는 경우에는 안전이라는 측면에서도 혼자 작업하는 것보다는 가시 범위 내에 누군가 함께 있어 주는 것이 좋다고 생각합니다."

이런 점에만 유의한다면 유압 굴삭기의 운전 기술 체계 자체는 매우 단순하다고 많은 강사가 말한다.

"유압 굴삭기의 기본이라 할 수 있는 굴삭과 땅 고르기가 가능해졌다면 그 다음은 '케이스 바이 케이스'입니다. 예를 들어 둑을 일정한 각도로 깎아 내리거나 긁어 올리는 것도 굴삭과 버킷의 보습(쟁기)의 컨트롤 응용편입니다.

결국은 버킷의 움직임을 보면서 운전에 익숙해지는 것이 최선입니다. 기계 작동 범위나 움직임은 저절로 결정되는 것이기 때문에 안전만 확보했다면 지나치게 위축될 필요 없이, 어깨의 힘을 빼고 운전하는 것이 좋다고 생각합니다."

굴삭기 운전 강사
호시노 키요카즈 씨.

내리는 순간까지 주의를 게을리 하지 않는다

초보자는 무심코 앞을 향해 내리려고 하지만 작업이 끝난 후 크롤러는 거의 대부분 미끄럽기 때문에 위험하다(오른쪽). 뒤를 향해 확실하게 발을 딛고 내려야 한다(왼쪽).

미니 굴삭기에 대해 알아 두어야 할 기초 지식

제조사 별 구 조작 패턴 차량도 있다

표준 조작 패턴

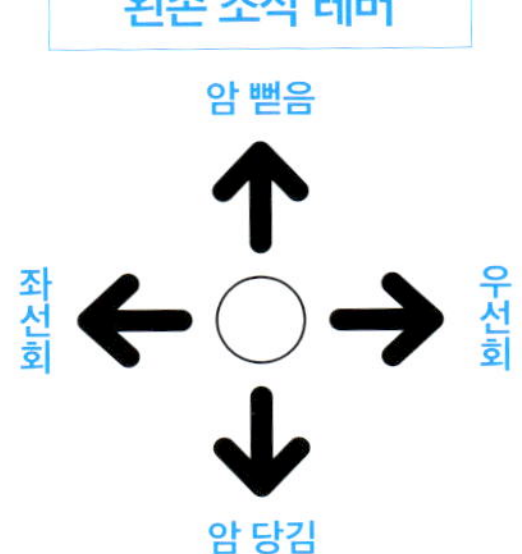

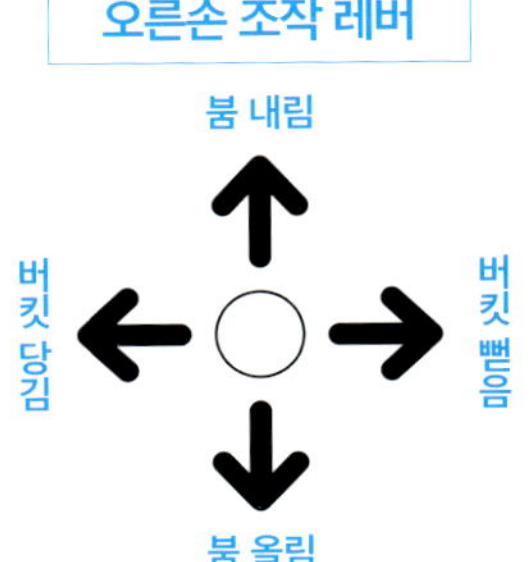

지금까지 살펴본 미니 굴삭기 조작의 패턴은 1993년에 제정된 각 제조사 공통의 표준 조작 방식(표준 패턴, JIS 패턴, ISO 패턴)이다. 현재 제조되고 있는 모델은 원칙적으로 표준 패턴으로 운전하는 것으로 출하된다.

한편, 표준 패턴 제정 이전에 제조된 차량에는 각 제조사가 독자적으로 정한 조작 패턴을 채용하고 있기 때문에 중고 미니 굴삭기를 구입하거나 렌탈했다던 다른 패턴의 차량을 만나게 될 가능성도 있다. 이때 당황하지 않도록 중요한 패턴을 알아두자.

또한 현행 모델의 표준 패턴을 구 패턴으로 일시 변경할 수 있는 기종도 있다. 구 패턴으로 운전을 하고자 하는 경우에는 판매처나 렌탈 회사에 확인해보는 것이 좋다.

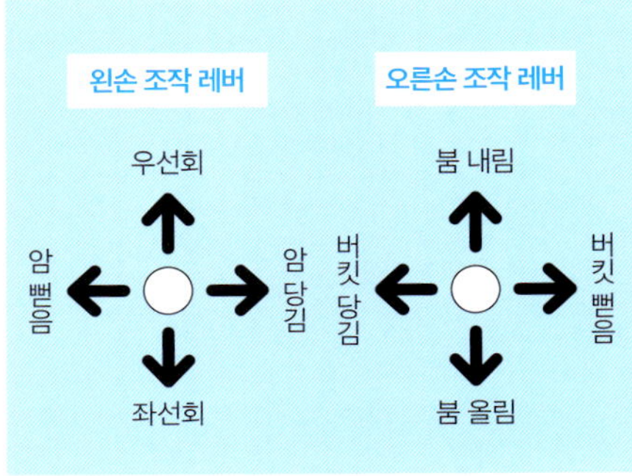

코마츠 조작 패턴(히타치 패턴)
코마츠 / 히타치 / IHI / 스미토모

표준 패턴이 왼손을 옆으로 움직여 선회하기 때문에 '횡선회'라고 불리는 것에 비해 이들은 위 아래로 움직이기 때문에 '종선회'라고 불린다. 선회만을 보면 표준 패턴이 자연스럽지만 코마츠 패턴은 암과 버킷을 움직이기 쉽기 때문에 토털 작업성에서는 표준 패턴을 능가한다고도 평가된다.

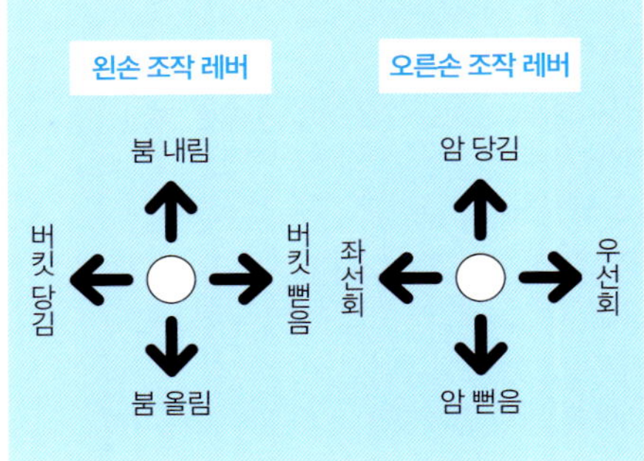

미츠비시 조작 패턴
캐터필라 미츠비시 / 후루카와 / 닛코우

표준 패턴과 좌우가 거의 반대인 패턴이다. 암을 뻗고, 당기는 조작도 표준 패턴과 반대가 된다. 표준 패턴에 익숙해진 사람의 경우 버킷을 움직일 생각으로 오른손을 조작하면 어이없이 선회해 버리는 일도 있으므로 주의하길 바란다.

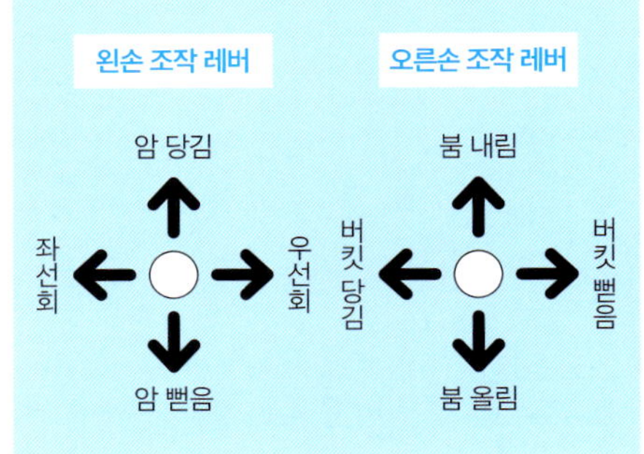

구 얀마 조작 패턴
얀마

표준 패턴을 제정할 당시 얀마는 이미 표준 패턴을 채용했다. 하지만 그 보다 훨씬 더 이전에는 구 얀마 패턴이라고 불리는 방식을 채용했다. 현재 이 패턴을 채용한 차량은 드물다.

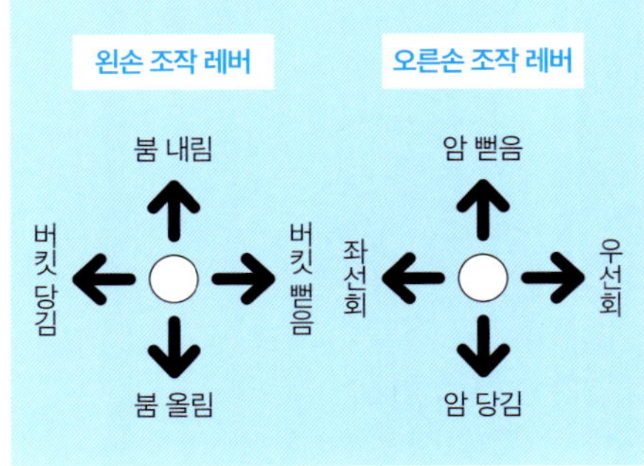

코벨코 조작 패턴
신코우 코벨코

미츠비시 패턴과 거의 같지만 오른쪽의 암을 뻗고, 당기는 조작은 표준 패턴과 같다. 다시 말해 선회를 제외하면 표준 패턴을 거울에 비춘 상태로 이해할 수 있다.

크롤러 타입은 작업 장소에 따라 선택한다

미니 굴삭기의 크롤러를 구성하는 슈즈(shoes)에는 고무제와 금속제가 있다.

고무 슈즈는 합성 고무 제조 기술이 발달함에 따라 등장한 것으로 아스팔트 등 도로 표면의 손상을 방지한다는 점에서 현재 도심 토목을 목적으로 하는 미니 굴삭기에 많이 채용되고 있다.

이에 비해 대형 유압 굴삭기에 주로 사용되는 철 슈즈는 도로 표면을 쥐는 힘이 매우 강하다. 따라서 산속과 같은 오프 로드에서 주로 사용하게 될 경우라면 미니 굴삭기도 철 슈즈를 채용하는 것이 유리하다고 할 수 있다.

고무 슈즈의 내부에는 세로로 스틸 코드가 지나가기 때문에 갈기갈기 찢어지는 일은 거의 없지만 널빤지 모양의 말뚝 등을 강하게 밟게 된다면 세로로 길게 금이 갈 위험도 있기 때문에 주의해야 한다.

구입 또는 렌탈할 때에는 자신이 주로 작업하게 될 장소와 상황을 고려해 적합한 슈즈를 선택해야 한다. 가지고 있는 슈즈를 점검·교환하고자 할 때는 기계를 구입한 판매처에 가지고 가는 것이 가장 확실하다.

산속 등 크롤러의 내구성이 요구되는 현장에서는 철 슈즈가 유리하다. 도로 표면 손상을 방지하는 고무 슈즈는 도로 공사 현장 등에서 자주 볼 수 있는 사양이다.

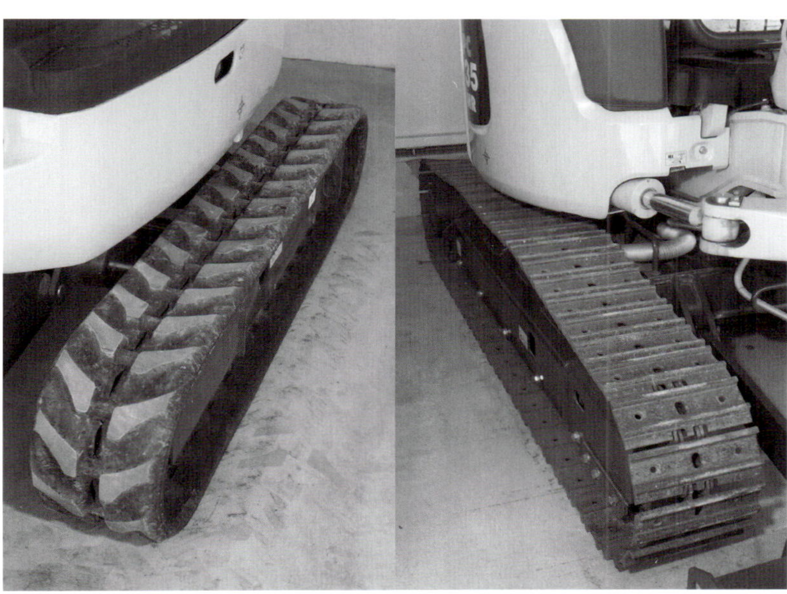

왼쪽이 고무 슈즈, 오른쪽이 철 슈즈

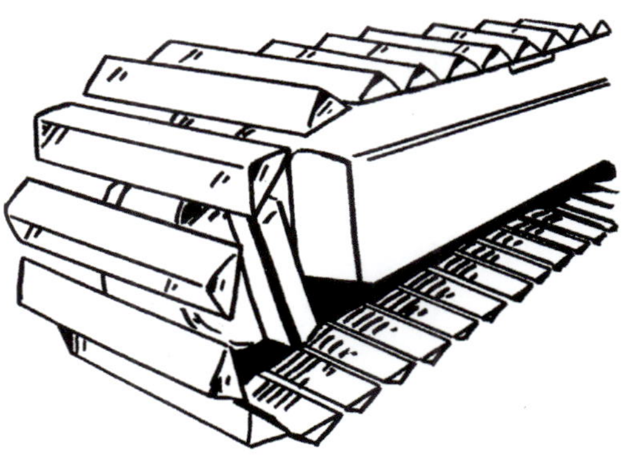

특별 사양 슈즈의 예인 습지 슈즈. 습지에서 차량이 빠지지 않도록 슈즈의 폭을 확장하고 형태도 변경, 접지 면적을 크게 해서 '접지압(타이어 접지면의 단위 면적당에 작용하고 있는 수직력. 접지 면적이 커질수록 접지압은 낮아진다)'을 내리고 있다.

철 슈즈의 표면에 고무 패드를 장착하는 것도 가능하다. 패드는 1장씩 볼트로 설치한다.

여러 가지 부속 장치가 있다

미니 굴삭기는 기종에 따라 버킷 부분에 탈부착할 수 있는 부속 장치가 마련되어 있다.

기본적인 것으로는 용량이나 폭에 따라 버킷이나 리퍼(지면이나 바위 등을 부수는 쟁기) 등. 카탈로그에 이들의 사용법이 게재되어 있다면 옵션으로 선택할 수 있고, 교체도 가능하다.

또한 임업용이나 해체용으로 게의 집게발 형태의 갈고리나 콘크리트 파쇄용 끌을 장착할 수 있는 기종도 있다. 다만 이들은 부속품의 하나로 취급되기는 하지만 유압 배관을 필요로 하거나 붐과 암의 전용 구조가 되어야만 할 경우도 있다. 따라서 나중에 부착할 수 있는 것은 아니므로 유의하길 바란다.

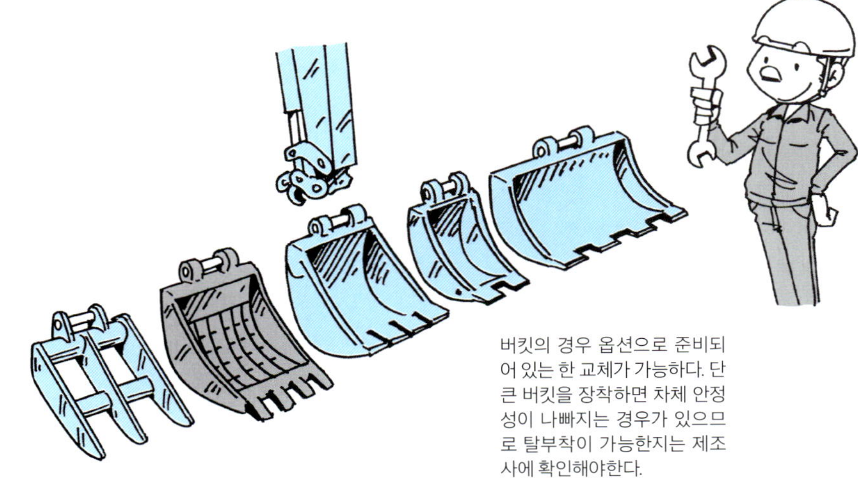

버킷의 경우 옵션으로 준비되어 있는 한 교체가 가능하다. 단 큰 버킷을 장착하면 차체 안정성이 나빠지는 경우가 있으므로 탈부착이 가능한지는 제조사에 확인해야한다.

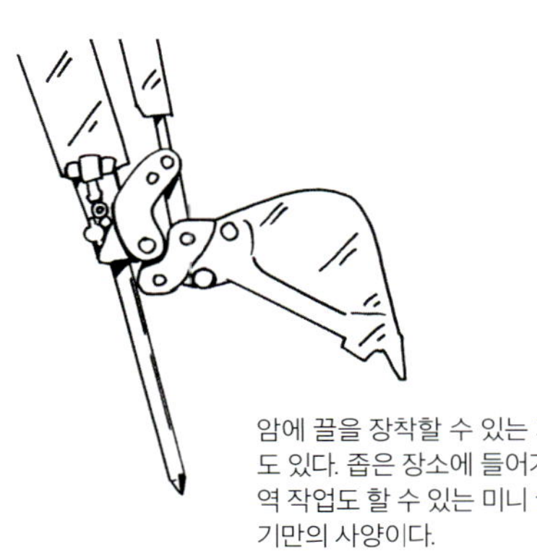

암에 끌을 장착할 수 있는 기종도 있다. 좁은 장소에 들어가 하역 작업도 할 수 있는 미니 굴삭기만의 사양이다.

연근 채취 전용 포오크의 예. 힘겨운 채집을 도와주는 구세주와도 같은 존재라서 연근 농가에서 애용한다.

목조 주택 해체 전용 갈고리를 장착할 수 있는 미니 굴삭기. 유압 계통이 증가해 있을 뿐 아니라 2층 가옥도 너끈히 해체할 수 있도록 작업기 장치가 길게 설계되어 있다.

유지 보수와 안전 검사를 잊지 않는다

일상적인 유지 보스로서 우선 작업 전 점검을 확실하게 하는 것이 중요하다. 점검 항목으로는 엔진 냉각수의 점검과 보급, 연료량 확인, 작동유 탱크의 유량 점검과 보급 등이 있다. 사용할 기계의 취급 설명서를 확인한다. 부정기 점검과 정기 점검에 대해서도 기재되어 있으므로 모두 확인해 둘 필요가 있다.

미니 굴삭기가 속한 차량계 건설 기계에는 자동차 검사에 해당하는 정기 검사가 있다.

타이어식 굴삭기의 경우 1년마다 검사받는 것을 의무화하고 있다. 미니 굴삭기를 소유할 예정인 경우는 조사 방식이나 비용 등을 사전에 판매처 등에 확인해 두는 것이 좋을 것이다.

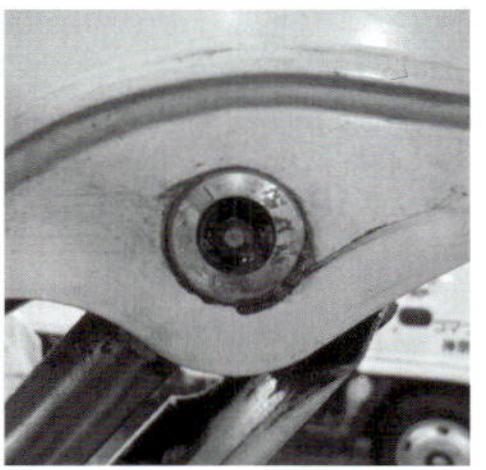

윤활유를 채우는 것은 부정기 점검 및 정기 점검 항목의 예. 주요 가동 부분에는 유활유 주입구가 설치되어 있으므로 윤활유 건을 사용해 윤활유를 채운다.

보관 상태에도 신경 쓴다

미니 굴삭기를 포함한 모든 중기는 대부분 옥외에 보관하는 경우가 많다. 장기간 사용하지 않고 보관할 경우에는 어느 정도 공간이 허락한다면 작업부 기구 각 부분의 유압 실린더를 가능한 수축한 상태로 보관하는 것이 좋다. 또한 배터리 케이블도 빼 놓으면 방전을 최소화할 수 있다. 중기는 튼튼하게 만들어져 있기 때문에 어느 정도 방치한다 해도 큰 문제가 일어나지는 않는다. 하지만 조금이나마 신경을 쓰면 보다 오랜 시간 잔 고장 없이 사용할 수 있다.

최근 훔친 중기를 이용해 금품을 강탈하는 어처구니없는 범죄 뉴스가 전해지자 각 제조사들도 도난에 적극 대처하는 방안을 모색하고 있다. 인증이 되지 않으면 시동이 걸리지 않는 스마트 키 등을 옵션으로 하는 기종도 늘어나고 있다. 차량의 위치나 가동 상태 등을 상시 파악할 수 있는 서비스 시스템을 도입해 시동 락(rock) 서비스 등을 하는 기종도 있다. 새로 미니 굴삭기를 구입하고자 한다면 고려해 보는 것도 좋을 것이다.

중기 도난은 심각한 일이다. 소유자가 확실하게 관리하는 것이 최선이지만 스마트 키 등의 방범 시스템을 갖춘 기종을 구입하는 것도 필요하다.

유압 굴삭기의 세 가지 주차 자세. 위는 기본적인 자세로 버킷의 앞 부분을 지면에 닿도록 하여 주차한다. 가운데는 유압 실린더를 수축한 상태로 장기 보관을 위한 자세. 아래는 공간을 절약하기 위한 주차 방식의 예. 렌탈점 등에서 자주 볼 수 있다.

과적에 주의해야 한다

이 책에서 취급한 크롤러식 미니 굴삭기는 도로 위를 주행하는 것이 불가능하기 때문에 작업 현장으로 이동할 때는 트럭에 실어야 한다.

이때 미니 굴삭기의 장비 중량이 약 2톤 미만인 경우라 해도 2톤 트럭을 사용하면 과적이 될 가능성이 높다. 작업을 하기 위해서 싣고 이동한다면 일단 미니 굴삭기를 싣고 내리는 데 필요한 하적용 경사판을 비롯해, 삽 등의 도구나 기타 소재 등 차량 이외의 물건도 싣게 되는 것이 보통이다. 이것들을 실으면 대부분 2톤을 넘기게 된다.

또한 같은 기종이라도 배토판의 유무나 운전석의 상태에 따라서도 실제 중량은 달라진다(캐노피 형보다도 캡 형이 무겁다).

이런 점을 고려해 미니 굴삭기를 실을 트럭은 적재량에 충분한 여유가 있는 것을 준비해야 한다.

또한 경사판을 사용해 미니 굴삭기를 하적할 때는 차량의 방향이나 순서와 방법, 고정하는 방법 등에 충분한 주의를 기울여야 한다. 경사판의 사용법을 배울 수 있는 학원도 있으므로 면허를 취득할 때 확실하게 연습해두자.

카탈로그 상의 장비 중량을 충족한다 해도 적재량에 여유가 없는 트럭에 실으면 이내 과적이 되고 만다. 주의가 필요하다.

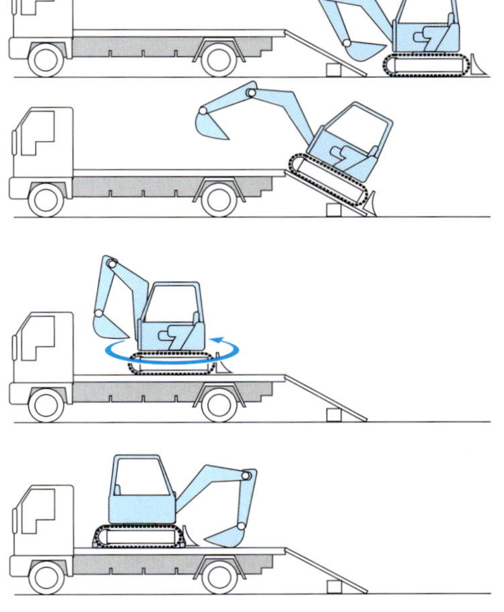

경사판을 사용해 트럭에 실을 때는 평지에 주차한 트럭의 화물 칸에 경사판을 확실하게 고정하고, 배토판을 뒤로 향하게 한 상태에서 천천히 싣는다. 정지하면 상부 기구를 돌려 정 위치로 한 다음 정해진 위치에 확실하게 고정한다. 처음에는 반드시 경험자의 감독 하에 시행하는 것이 안전하다.

초미니 굴삭기도
많은 일을 할 수 있다

장비 중량 1톤 미만의 초미니 사이즈의 유압 굴삭기가 눈에 띌 때마다 '갖고 싶다'는 생각을 떨치지 못하는 사람들이 아마도 꽤나 있을 것이다. 통나무집을 직접 짓기 위한 땅 고르기 작업 등에 최적화된 것은 사실 장비 중량 2~3톤인 미니 굴삭기이다. 그럼에도 불구하고 '초미니' 사이즈의 유압 굴삭기가 가동되고 있거나 어딘가에 동그마니 놓여 있는 것을 보면 이내 소년과도 같은 마음이 움찔거리기 시작하면서 '사용법은 차치하고 일단 갖고 싶다'고 생각하게 되는 것이다.

어쩌면 시계나 카메라와 같은 정밀 기계에서 느끼는 매력도 이와 비슷한 것일지 모른다.

이러한 초미니 유압 굴삭기는 작은 차체 안에 유압 굴삭기의 기본 성능을 모두 담고 있다. 이러한 압축된 느낌이 초미니 유압 굴삭기만의 매력으로 이어지는 것이다.

그렇지만 유압 굴삭기는 애장품이나 소장품이 아니라 어디까지나 '사용하는 도구'이다. '초미니'라고 해서 예외는 아니다. 이 정도로 보급되고 있다면 '초미니'만의 특화된 용도도 분명 있을 것이다.

지금부터는 초미니 유압 굴삭기의 특징과 사용법을 알아보고자 한다.

일본의 쿠보타사가 츠미니 백호를 최초로 판매하기 시작한 때는 1987년이다. 설비, 공공사업, 조경업, 농업 등 지금까지 해온 토목 공사 이외의 다양한 요구어 부응하기 위한 것이었다.

"초미니 백호라면 다른 기계로는 진입하기 어려운 좁은 현장에서도 작업을 할 수 있습니다. 이런 정도의 기계라면 인간 손의 연장이라고 해도 무방하지요."

그런 편리성을 한층 더 높이기 위해 초미니 굴삭기에서는 '배면식 붐 실린더'를 채용, 붐 실린더의 손상을 염려하지 않고 돌이나 콘크리트 파편 등을 굴삭할 수 있도록 하는 등의 연구에 집중했다. 현재는 주택 안에 들어가 작업하는 것까지도 가능한 하나의 '만능 머신'으로 불리며, 높은 판매고를 기록하고 있다.

작은 사이즈에 응집된 성능

'배면식 붐 실린더'를 채용하고 있기 때문에 손상을 신경 쓰지 않고, 버킷으로 떠올린 것들을 끌어안을 수 있다.

장비 중량은 870kg의 초미니 백호. 정격 출력 7.4kw의 디젤 엔진을 탑재했다.

선회할 때 후방부가 밀려 나오는 것을 최소화 했기 때문에 좁은 현장에서도 문제 없다.

최대 굴삭 깊이 1600mm, 최대 굴삭 반경 3120mm로 보기보다 파워풀하고 와이드 하다.

'가변각 크롤러'의 채용으로 폭을 700mm까지 슬림화할 수 있다.

장비 중량 500kg의 최소 클래스의 초미니 백호. 상위 클래스 2개 기종의 기본 성능을 그대로 갖고 있다.

장비 중량 980kg의 초미니 백호. '배면식 붐 실린더', '가변각 크롤러'를 표준 장비로 장착했다.

뿌리 다듬기 작업을 하고 있는 모습. 뿌리 다듬기 전용 칼을 자유롭게 사용해 식목을 쉽게 옮겨 심는다.

이러한 수요의 증가는 토목 건설업 일반의 변화와도 깊은 관계가 있다. 초미니 백호가 처음으로 선보인 1980년대 후반 일본은 완전한 무에서부터 새로운 도시를 만들어 가던 시대의 종식을 알리고, 인프라 보수나 주택의 리폼 등 '지금 있는 것을 수리해 사용하는' 시대, 말하자면 유럽 스타일의 '성숙한 시대'가 시작된 때이기도 했다. 이러한 큰 흐름 속에서 소형 건설기계의 필요성이 점차 높아진 것이다.

그렇다면 현재 초미니 백호는 구체적으로 어떻게 사용되고 있을까?

"우선 외관 구조나 주택 내 배관 등의 설계 사업을 그 예로 들 수 있습니다. 어쨌거나 좁은 장소에서의 작업이 많아졌기 때문에 가변각 크롤러의 니즈는 상당히 큽니다. 또한 과수원 사다리 작업, 밭에서 두엄을 뒤집는 작업 등 농업 관련 사용자도 많습니다.

과수원이나 공원 관리 등에서 수목을 옮겨 심을 때도 초미니 백호는 매우 편리합니다. 버킷에 뿌리 다듬기 전용 칼을 장착하고 수목 주위의 흙을 굴삭하면서 뿌리를 절단해 수목을 뽑아내기는 일이 한결 쉬워집니다."

전문성이 높은 주택 내 배관은 물론이고 취미로 하는 정원 가꾸기나 미니 농장에도 초미니 백호는 안성맞춤이라고 할 수 있을 것이다. 2톤 기계조차 너무 커서 불가능했던 일도 마치 내 손의 연장선인양 쉽고 편하게 해낼 수 있을 것이다.

이제 통나무집 건축을 끝내고 주변 환경 정리에 눈길이 간다면 이 초미니 유압 굴삭기에 관심을 가져보자. 완전한 무로부터 탄생시킨 '자신만의 세계'를 보수하고, 유지하고, 성숙시켜갈 작은 기계. 단지 '갖고 싶다!'는 마음에서 시작되었다 할지라도 그 효용성과 가치는 충분할 것이다.

↑ 주택 내에 진입해서 하게 되는 해체 작업 등에서는 크롤러 폭을 줄여 좁은 장소에 진입할 수 있고, 다시 폭을 넓혀 안전성을 높일 수 있다. 이것이 '가변각 크롤러'의 최대 장점이다. ↗ 대형 기종과 똑같이 유압 브레이커나(사진) 유압 포오크와 같은 부속품도 사용할 수 있다. '손의 연장' 그 이상의 작업까지도 가능하다. ↓ 배 과수원에서 작업하는 모습. 초미니 백호는 과수원에서도 많이 활약한다.

트럭 탑재형 크레인
활용 매뉴얼

최근 들어 트럭 탑재형 크레인을 개인적으로 사용하고자 하는 사람들의 수요가 늘어나고 있다. 트럭 탑재형 크레인을 자유롭게 사용하기 위한 핵심은 무엇보다 크레인 원리를 분명하게 이해하는 것이다. 이를 소홀하게 생각했다가는 생각지도 못한 사고를 만나게 될 위험성이 있다. 확실하게 교육을 받고, 복습해 가면서 확실히 몸에 익혀 두도록 하자.

운전 자격과 면허

크레인의 종류는 다양하지단 이 책에서 다루는 '트럭 탑재형 크레인'은 소형에서부터 대형에 이르기까지 트럭의 운전석과 화물칸 사이에 크레인을 장착한 형태의 이동형 크레인이다. 그래서 트럭을 운전할 수 있는 자격이 있으면 누구나 트럭 탑재형 크레인을 운전할 수 있다. 운전의 의미는 트럭의 방향과 속도를 바꾸어 위치를 이동하는 운전, 즉 자동차 운전의 의미이지 크레인을 작동하는 것을 뜻하지 않

는다. 한국의 산업 현장에서는 '카고 크레인'이라고 부르기도 하는데, 운전 면허만 있어도 크레인을 운전할 수 있다고 잘못 알고 있는 사람이 많았다.

크레인을 작동하기 위해서는 국가 기술 자격인 '기중기운전기능사' 자격이 있어야 한다. '구조와 특징' 편에서 상술하겠지만 이동식 크레인의 운전에는 고도의 지식과 기술이 필요하다. 만만하게 생각하고 운전하다가는 아무

리 소형 크레인이라 하더라도 큰 사고를 부를 수 있다. '기중기운전기능사' 자격을 얻기 위해서는 정해진 시험을 통과해야 한다. 필기 시험은 건설기계 기관·전기·섀시 장치, 기중기 작업 장치, 유압 일반, 건설 기계 관리 법규 및 도로 교통법, 안전 관리 등 7개 과목으로 구성되고, 실기 시험은 기중기 운전 작업 및 도로 주행을 실시한다. 한국산업인력공단에서 시험 일정과 응시 방법을 확인할 수 있다.

이동식 크레인의 종류

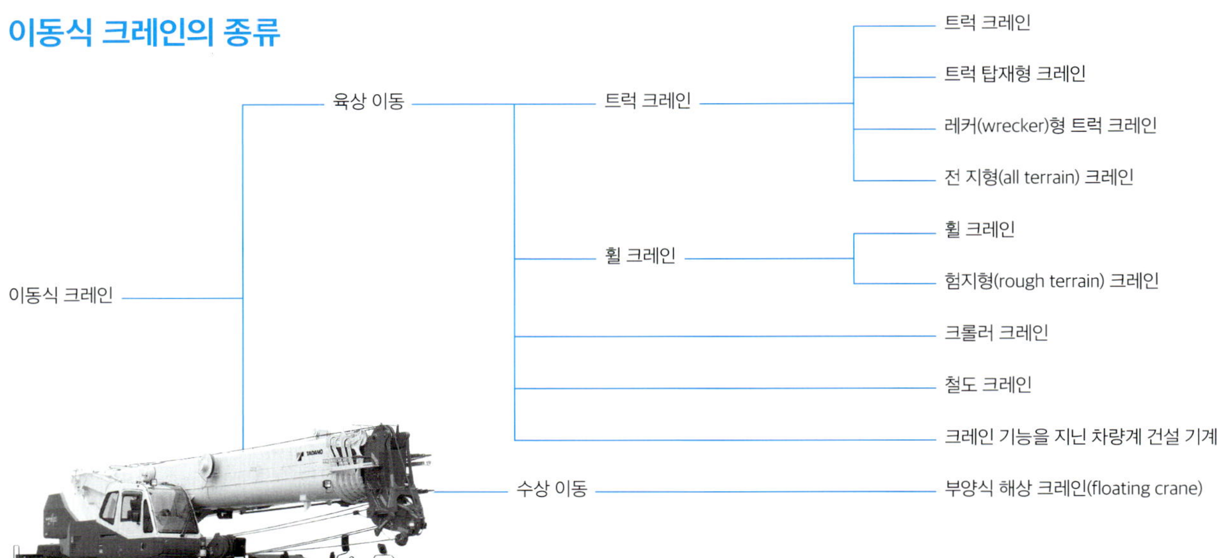

※ 도표 중 '트럭 크레인'은 화물칸이 없는 크레인이고, '트럭 탑재형 크레인'은 운전석과 화물칸 사이에 크레인을 장착했기 때문에 화물칸이 있는 것이 특징이다. 험지형 크레인은 기존 트럭에 크레인을 장착한 것이 아니라 크레인 자체가 주행하는 종류이다. (왼쪽 사진)

구조와 특징

W/4
고정도르래
W/4
W/4
W/4
W/4
움직도르래
W

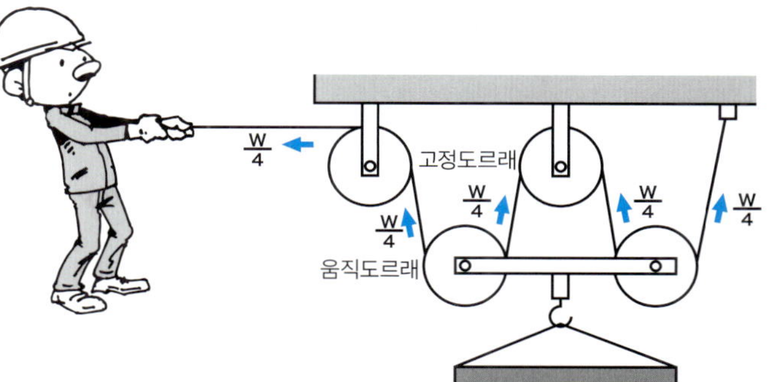

움직도르래의 원리. 축에 고정되어 있지 않은 움직도르래를 고정된 고정도르래와 잘 맞물리게 함으로써 작은 힘으로 무거운 물건을 들어 올리는 일이 가능해진다.

알아 두어야만 할 것이 매우 많다

트럭 탑재형 크레인은 작업 현장까지 쉽게 이동할 수 있고, 비교적 좁은 장소에서도 사용이 가능하다는 점 등 많은 장점을 지니고 있어 개인적인 사용이 가능한 중기 중에서도 인기가 높다.

기본이 되는 차량은 시판 트럭(소형·중형·대형)으로 트럭의 운전석과 화물칸 사이에 유압식 크레인 장치를 장착하게 된다. 크레인 적상 하중은 대부분 3톤 미만이라고 생각하면 된다.

크레인 조작은 트럭 자체의 엔진 출력을 PTO(power take off = 동력 인출 장치)에 의해 유압으로 변환, 이를 동력으로 사용한다. 트럭을 정차하고 엔진을 저속 공회전 상태로 두어 크레인을 움직이는 것이라고 할 수 있다.

크레인의 기본은 '움직도르래의 원리'로 설명할 수 있다. 복수의 움직도르래에 와이어를 연결하는 것으로 화물을 들어 올리는 힘을 줄일 수 있는 것이다. 여기에 미니 굴삭기 편에서 다루었던 유압의 원리가 더해지면 비교적 작은 힘으로 무거운 화물을 매달아 운반하는 것이 가능하다.

한편, 트럭이라는 기존 차량을 기본으로 하고 있기 때문에 이동 편의성이 매우 뛰어나다. 하지만 안정성 면에서는 주의할 점이 많다. 여기에 크레인 특유의 운전 난이도가 더해지기 때문에 그 특성을 확실히 이해하지 않은 상태로 운전하는 것은 매우 위험천만한 일이다.

조건이 시시각각 변화한다

트럭 탑재형 크레인 사용의 시작은 아우트리거를 최대로 펼쳐서 양 옆에서 버티는 자세를 취하는 것(자세한 것은 58p부터). 이 자세를 기본으로 해서 사용 조건이 완벽하게 갖추어졌을 때, 그 기종의 사양이 최대한으로 발휘될

트럭 탑재형 크레인의 각 부분 명칭

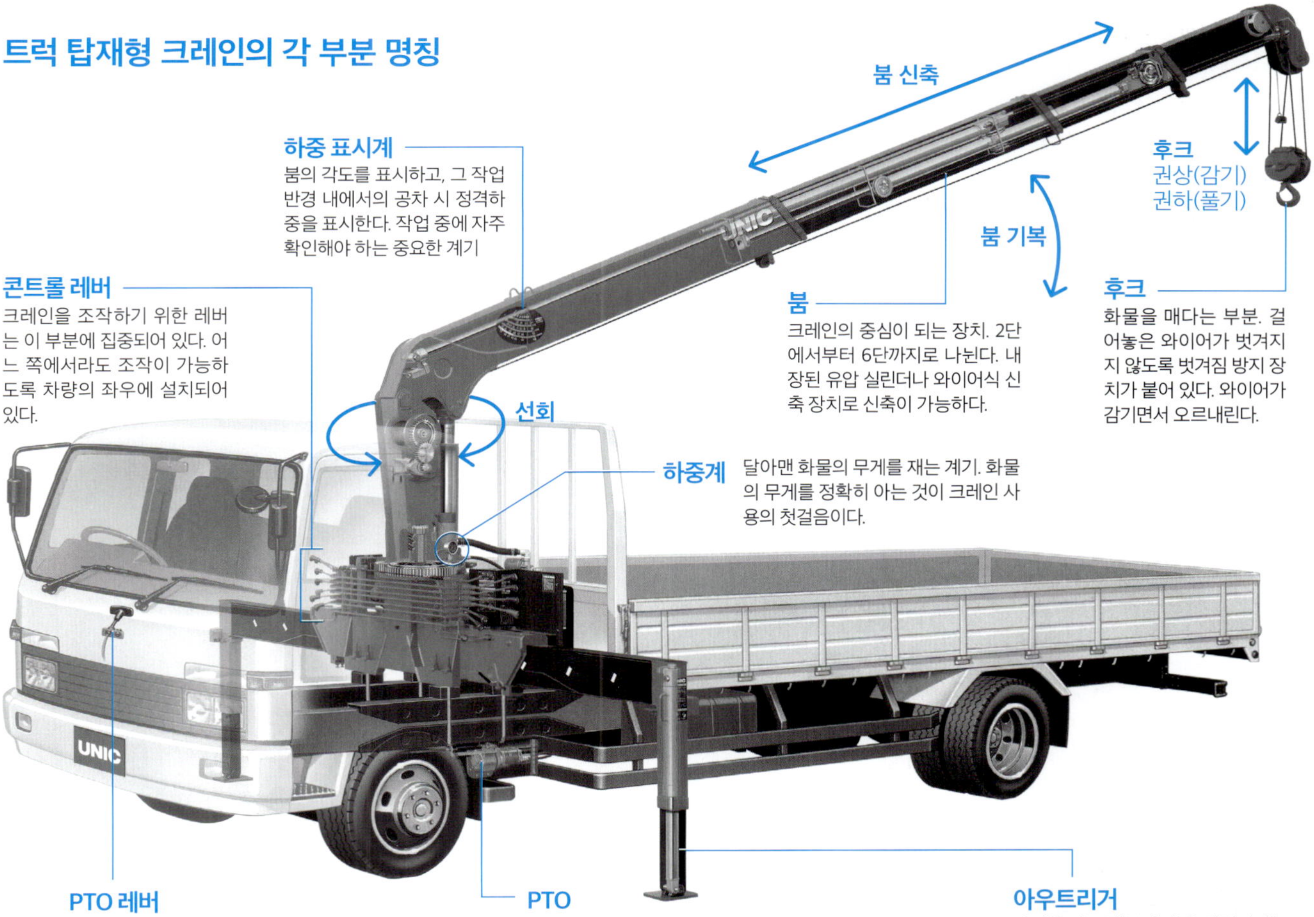

붐 신축
하중 표시계
붐의 각도를 표시하고, 그 작업 반경 내에서의 공차 시 정격하중을 표시한다. 작업 중에 자주 확인해야 하는 중요한 계기
후크
권상(감기)
권하(풀기)
붐 기복
콘트롤 레버
크레인을 조작하기 위한 레버는 이 부분에 집중되어 있다. 어느 쪽에서라도 조작이 가능하도록 차량의 좌우에 설치되어 있다.
붐
크레인의 중심이 되는 장치. 2단에서부터 6단까지로 나뉜다. 내장된 유압 실린더나 와이어식 신축 장치로 신축이 가능하다.
후크
화물을 매다는 부분. 걸어놓은 와이어가 벗겨지지 않도록 벗겨짐 방지 장치가 붙어 있다. 와이어가 감기면서 오르내린다.
UNIC
선회
하중계
달아맨 화물의 무게를 재는 계기. 화물의 무게를 정확히 아는 것이 크레인 사용의 첫걸음이다.
UNIC
PTO 레버
PTO 레버는 운전석 내부에 설치되어 있다.
PTO
엔진 출력을 유압 시스템의 동력으로 변환하는 PTO(power take off = 동력 인출 장치)의 본체
아우트리거
작업할 때 트럭(크레인)을 안정시키는 장치. 좌우를 늘려 폭을 넓힐수록 안정성이 높아진다.

수 있는 것이다. 예를 들어 '공차 시 최대 크레인 용량 2.93톤×2.7m인 ㄱ 종이라면 2.9톤의 화물(나머지 0.03톤은 매다는 도구)을 작업 반경 2.7m 이내에서 들어 올리는 것이 된다(56p 위 그림).

그러나 실제 작업을 '이 범위 내에서' 하는 것은 생각보다 많은 주의가 필요하다. 예를 들어 2.7m의 작업반경 이내에서 범위에 해당하는 무게의 화물을 들어 올려, '그 반경 내에서 붐을 뻗어 내려 3m 앞으로 화물을 옮겨 내려놓는 것'은 이론 상 가능하지만 실제로는 불가능하다. 붐을 내리는 도중에 작업 반경 밖으로 화물이 빠져나가면서 균형이 깨지면 크레인 또는 트럭은 파손되거나 전복될 수 있기 때문이다(56p 아래 그림). 당연한 것이지만 작업을 하면서 이를 의식하고 해석하는 것은 상당한 집중력을 필요로 하는 어려운 일이다.

결국 '화물의 무게·붐의 길이·작업 반경'은 수학에서 말하는 '함수'의 관계에 있기 때문에 하나의 값이 변하면 나머지 두 개의 값도 변한다. 따라서 크레인으로 '들어 올릴 수 있는' 조건은 작업 도중에도 시시ㄱ각 '변화하고 있는 것'이다.

따라서 앞에서 말한 경우에서 3m 앞에 화물을 내려놓고 싶다면 화물을 가볍게 하거나 붐을 짧게 하더라도 닿을 수 있도록 '트럭의 정차 위치를 수정'해야만 한다. 그런 수정이 필요하지 않도록 '처음부터 수치 범위를 파악해 두는 것'이야말로 안전하고 효율적인 크레인 작업을 위한 최대 핵심이자 거의 유일한 핵심이라 할 수 있다.

크레인에는 탁월한 능력이 있지만...

크레인의 가능성을 나타내는 숫자는 '공차 시 최대 크레인 용량'이다. '2.93톤×2.7m'의 경우 그림과 같이 된다. 그러나 이것만으로 성능을 다 파악했다고는 할 수 없다.

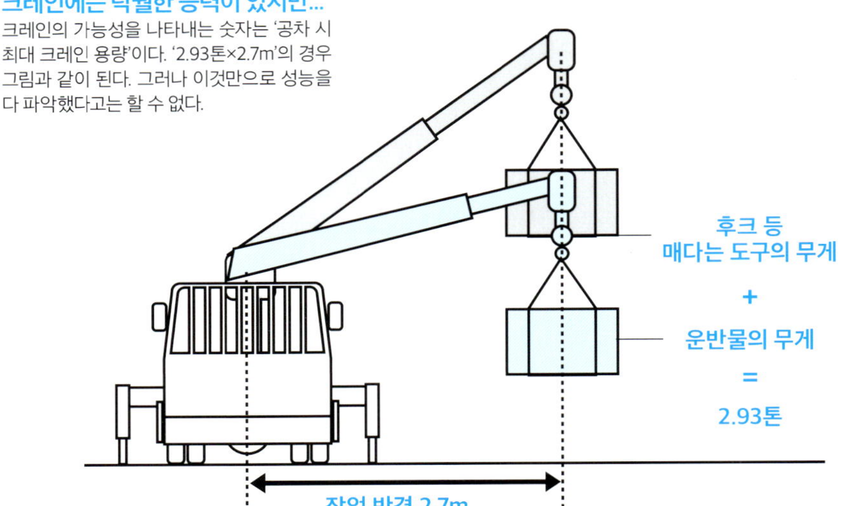

트럭 탑재형만의 필수 요소

트럭 탑재형 크레인 특유의 안정성에 관한 문제도 제대로 이해해 두지 않으면 안 된다.

'어디까지 매달 것인가'를 계산하고 확인하는 것은 '공차 시'를 전제로 해야 한다는 것이 철칙이다. '공차 시'라는 것은 '트럭 화물칸에 아무 것도 실려 있지 않은 상태'를 말한다. 화물이 실려 있으면 트럭이 무거워지기 때문에 안정성은 높아지게 된다. 그러나 그 화물을 내리는 작업을 하는 동안 트럭이 가벼워지면서 안정성은 낮아진다. 만약 그 시점에서 균형이 깨지면 큰 사고로 이어질 위험이 있다(57p 위 그림). 따라서 트럭이 가장 가벼운 '공차 시'를 전제로 해야 한다는 것은 매우 중요한 것이다.

또 트럭에 대해 '붐의 방향'도 중요한 요소다(57p 가운데 그림). 트럭 탑재형 크레인의 형태로 보아 후방 영역(뒷바퀴와 뒷바퀴 사이)에 화물을 매다는 것이 가장 안정성 있다는 것은 직감적으로 알 수 있다. 동시에 전방 영역(아웃트리거 보다 앞 부분)의 안정성이 낮은 것도 쉽게 이해할 수는 있다. 전방 영역의 안정성은 '후방 영역의 25% 수준'이다. 무조건 '전방에 매달면 위험'한 것이라고 기억해 두는 것이 좋다. 또 측방 영역의 안정성도 높지만 그림에서 표시된 특정 방향만큼은 극단적으로 낮아진다. 트럭의 구조와 형태로 인한 것이지만 이 또한 무조건 기억해 두기를 바란다.

사용 가능한 조건은 항상 변한다

위의 그림에서와 같이 '공차 시 최대 크레인 용량' 범위 내에 포함되어 있더라도 안심할 수 없는 것이 크레인 운전의 어려움 점이다. 그림과 같이 붐이 움직이면서 허용된 작업 반경을 벗어나는 일도 있을 수 있다.

다시 한번 '안전제일'을 염두에 두고

트럭 안정성의 변화까지 고려한다면 트럭 탑재형 크레인의 적상 성능의 변화는 '도대체 몇 차 함수인가?' 하는 생각이 들면서 골치가 아파오겠지만 사실 크게 걱정하지 않아도 된다. 크레인에는 '하중지시계', '하중계', '작업범위도', '공차 시 정격 하중표'라는 계기와 도표가 갖추어져 있기 때문이다. '어떤 무게의 화물을, 붐을 어디까지 뻗었을 때, 작업 가능한 반경'을 한눈에 알 수 있도록 되어 있다(사용법은 p58~ 참조). 실제로 이를 확인하는 것만으로도 충분히 안전한 상태에서 작업할 수 있다.

하지만 많은 경우, 실제로 매단 화물의 무게가 크레인 사양에 빠듯한 경우도 적지 않기 때문에(예를 들어 2톤 승용차를 매달 경우라면 형태에서부터 생각하기가 힘들어진다) 언제나 극도의 진장을 늦출 수 없다.

트럭탑재형 크레인이 편리하고 사용하기 쉬운 중기임에는 틀림이 없다. 그렇지만 '어떤 일이 일어날지 모른다'를 전제로 항상 한계를 의식해 작업하는 것은 크레인 운전에 있어 반드시 필요한 자세이다. 다시 말해 '안전제일'을 가슴에 새겨야 한다.

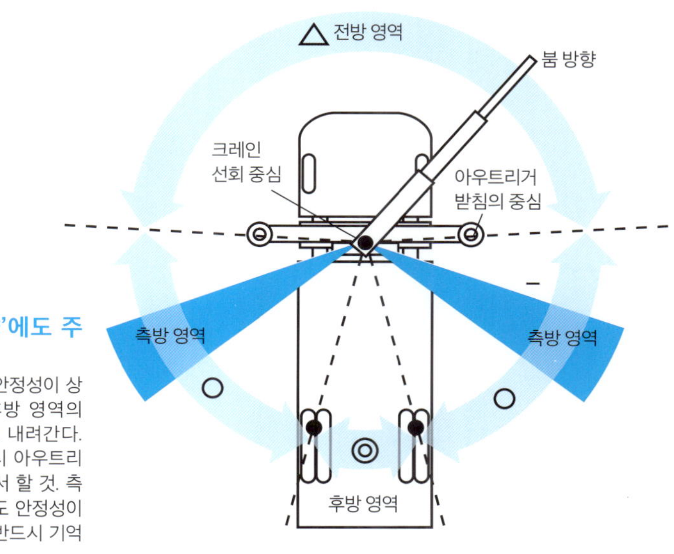

붐의 '방향'에도 주의가 필요

전방 영역은 안정성이 상당히 낮아 후방 영역의 1/4 수준으로 내려간다. 작업은 반드시 아우트리거 보다 뒤에서 할 것. 측방 영역 일부도 안정성이 낮다는 것을 반드시 기억해 두자.

항상 계기와 표를 확인

수시로 조건이 변하는 크레인 작업의 안전을 지켜주는 계기류. 이 계기들을 확실하게 확인하면 안전을 충분히 확보한 상태에서 작업할 수 있다. 왼쪽 위는 '하중지시계'로 붐의 각도와 뻗는 방향에 따라 '들어 올릴 수 있는 무게'를 표시한다. 오른쪽 위는 '작업범위도'로 어떤 각도에서, 그리고 어떤 방향으로 뻗느냐에 따라 붐이 닿는 범위를 표시한 것. 왼쪽 아래는 '공차 시 정격 하중표'로 작업 반경과 매달 수 있는 무게의 관계를 표시한 것. 오른쪽 아래는 '하중계'로 매단 화물의 무게를 계측하는 것. 실제 작업은 화물의 무게를 확인하고, 붐의 각도와 뻗는 방향을 결정, 하중지시계와 공차 시 정격 하중표에 표시된 허용 범위 내에서 한다.

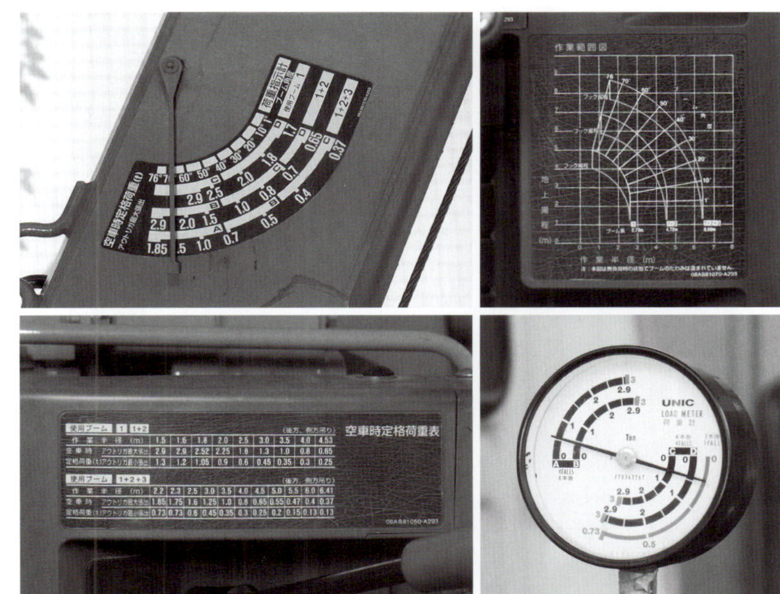

운전의 기본

크레인은 역학이 복잡하게 작용하는 기계다. 자격 취득 후에도 항상 기본을 확인하고 안전제일을 마음에 새겨 두자. 다음의 내용은 기본 내용을 수록한 것으로 복습과 재확인용으로 활용하기를 바란다.

01 아우트리거를 설치한다

원칙은 최대로 빼내는 것

크레인 작업을 시작하기 위한 준비로 우선 아우트리거를 설치한다. 크레인의 성능을 안전하고 확실하게 발휘하기 위한· 기초가 되는 과정이다. 아우트리거는 최대로 펼칠 수 있는 만큼 펼쳐 놓는 것이 원칙이다. 크레인의 최대 사양은 이 상태를 기준으로 한다. 잭 업(jack up)할 때는 앞바퀴가 뜨지 않도록 주의한다.

① PTO 스위치를 켠다

우선 기어를 'P'에 넣고, 핸드브레이크를 당긴 다음 엔진을 켠다. 클러치를 밟은 상태에서 PTO 스위츠를 켜(왼쪽), 엔진의 공회전이 유압 펌프에 전달되도록 한다. 이때 배기 브레이크(오른쪽)와 에어컨은 반드시 끈다. 과열을 피하기 위한 것이다.

② 아우트리거를 빼낸다

다음에는 아우트리거를 수동으로 펼친다(왼쪽). 아우트리거는 원칙적으로 좌우 모두 최대로 펼치며(오른쪽), 반드시 '좌우 대칭'으로 펼쳐야 한다. 가벼운 2톤 트럭을 사용하고 있기 때문에 사진에서는 차체에 비해 아우트리거가 커 보인다.

③ 잭 압력을 가한다

아우트리거의 잭에 압력을 가해 버틸 수 있는 상태로 만든다. 수준기를 보면서 좌우 높이를 맞춘다(오른쪽). 또한 앞바퀴가 절대로 뜨지 않도록 해야 한다. 타이어와 아우트리거로 하중을 받도록 하는 것이 핵심이다.

이 책에서 사용한 트럭 탑재형 크레인의 공차 시 최대 크레인 용량은 2.93톤×1.6m, 달아 올린 화물의 무게는 500kg이다.

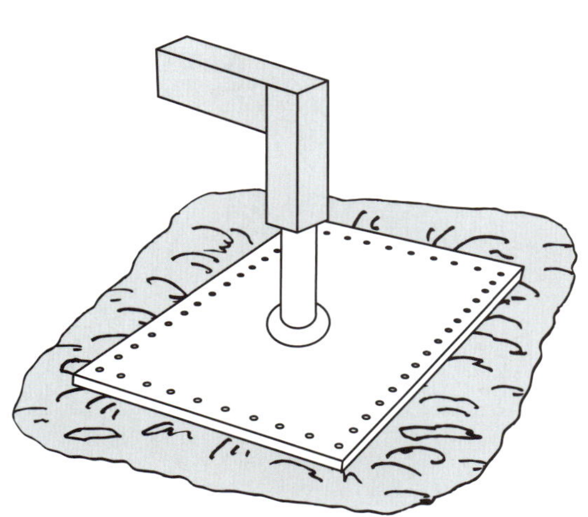

기중기 베이스는 큰 것으로

아우트리거를 받치는 기중기 베이스는 큰 것이 바람직하다. 특히 아우트리거를 흙 위에 설치할 경우에는 밑으로 가라앉기 때문에 커다란 철판 등을 준비하는 것이 좋다.

02 붐을 뻗는다

조금씩 뻗어 간다

주행 자세에서는 후크가 접혀 고정되어 있기 때문에 레버를 조작해서 아래로 내려뜨려 놓은 다음 '붐 신축' 레버를 조작해 붐을 뻗는다. 이때 와이어가 끊어져 버리지 않도록 우선 와이어를 조금 꺼낸 다음 붐을 조금씩 뻗는다. 이를 반복하면서 필요한 길이만큼 붐을 뻗어 간다.

이 책에서 붐을 3단까지 최대한 뻗은 것은 와이어가 길어져 화물이 흔들리기 쉬운 상태에서 연습해보기 위한 조치. 실제로는 화물의 무게와 현장의 상황에 맞게 적정한 길이를 판단하게 된다.

① 후크를 내린다

과거에는 주행할 때 후크를 와이어로 잡아당겨 고정시켰지만 최근 신제품은 자동으로 아래 왼쪽과 같이 수납된다. 이것을 풀어주면 오른쪽과 같이 후크가 아래로 매달린 상태가 된다.

② 경보 장치를 켠다

후크를 내려뜨렸다면 와이어를 너무 감아 올렸을 때 울리는 경보 스위치를 켠다. 만일 이를 잊어버리고 와이어를 지나치게 감아 올리면 붐의 끝에 후크가 닿아 와이어가 끊어져 버린다.

붐 선회

붐 신축

와이어 권상(감기)/권하(풀기)

붐 기복

후크 격납

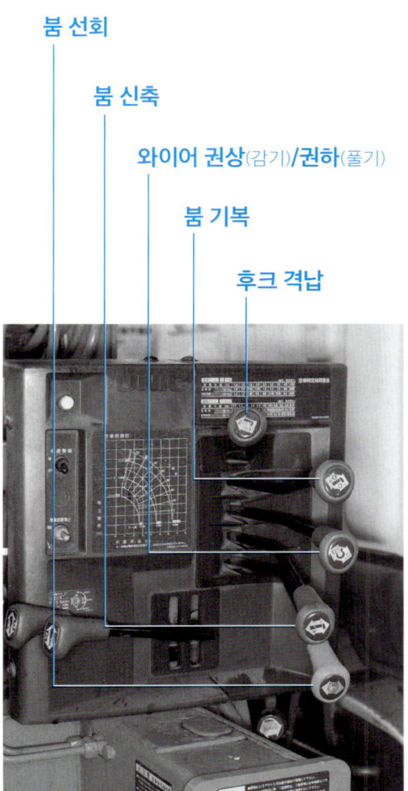

콘트롤 레버의 배치

콘트롤 레버는 한 곳에 집중해 있기 때문에 다루기 쉽다. 작업 중에는 붐 기복에서 붐 선회까지 4개의 레버를 주로 사용한다. 왼쪽에 나란히 있는 2개의 레버는 잭 압용 레버.

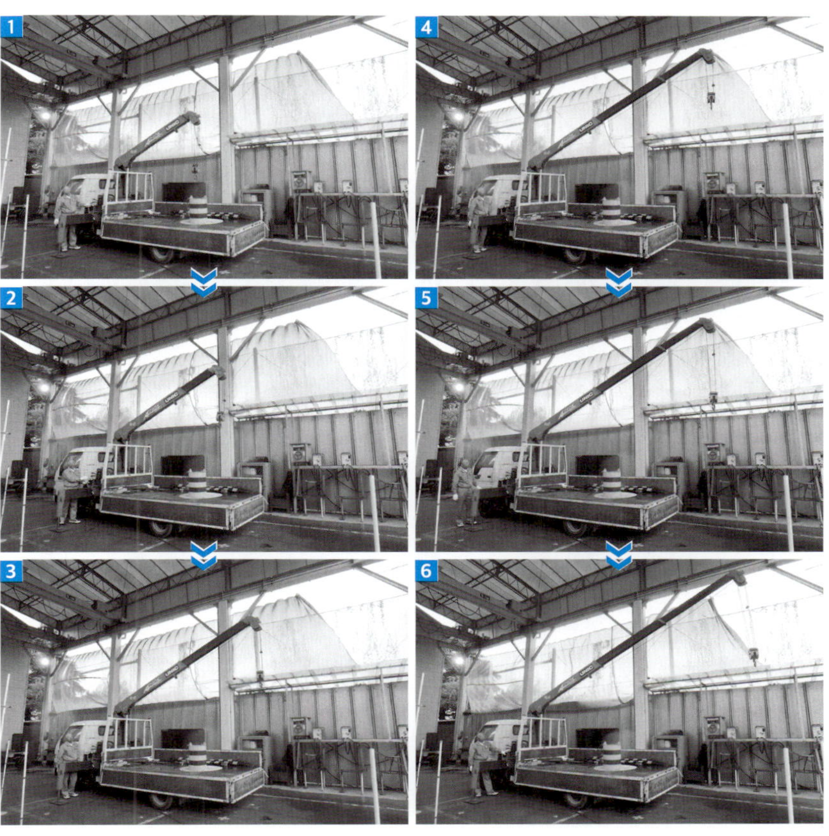

③ 와이어를 조절하면서 뻗는다

와이어를 조금 감아 내려 붐을 뻗는 과정을 몇 번 반복한다. 붐을 단축할 때도 같은 방식으로 와이어를 조금씩 감아 올리면서 한다. 또한 붐을 뻗는 길이는 화물 무게에 따라 변한다. 무거운 물건은 짧은 상태가 아니면 매달 수 없는 경우도 있다. 화물의 무게를 파악하는 것이 무엇보다 중요하다.

03 양중한다

직각 두 방향에서 확인

화물을 매달아 올리는 와이어의 눈(둥근 부분)을 크레인의 후크에 거는 작업을 '양중'이라고 한다. 후크에 양중하기 전에 우선 붐을 조작해 후크를 화물의 중심부까지 가지고 온다. 이때 반드시 측면과 정면의 '직각 두 방향'에서 중심에 맞은 상태인지를 확인한다.

① 화물의 중심에 맞도록

후크와 화물의 중심을 맞춰 정면과 측면의 '직각 두 방향'에서 확인. 만약 빗나가 있으면 매달았을 때 화물이 흔들린다.

② 와이어를 건다

후크에 와이어를 걸 때는 와이어끼리 겹치지 않도록 주의한다. 겹쳐진 채로 매달아 올리면 화물의 무게에 의해 와이어가 손상되거나 최악의 경우 끊어질 위험이 있다.

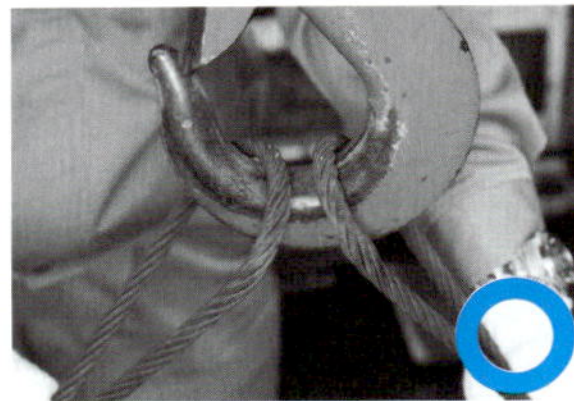
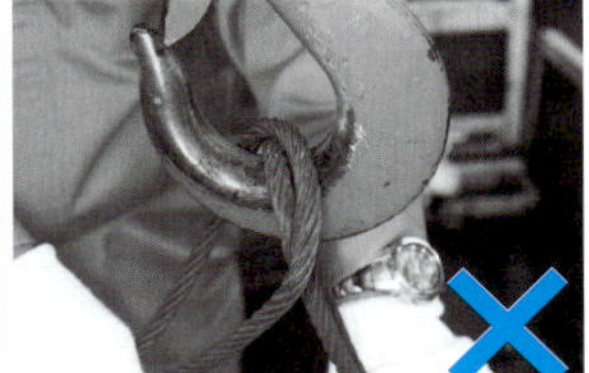

04 지면 위로 살짝 띄우기

일단 멈춤이 핵심

드디어 운반물을 달아 올린다. 이때 조작하는 레버는 '와이어 권상'이다. 우선 와이어가 적당히 당겨질 정도까지 말아 올려 멈추고, 다시 서서히 말아 올려 운반물을 지면 바로 위로 띄운다. 이것을 '지면 위로 띄우기'라고 한다. 이 상태에서 이상이 없는지 확인했다면 운반물 이동 과정으로 진행한다(62p). 일단 멈추는 이유는 밸런스를 확인하는 것과 함께 충격 하중이 걸리지 않도록 하기 위함이기도 하다. 와이어가 느슨해진 상태에서 한 번에 들어 올리면 운반물의 무게를 넘어선 하중(충격 하중)이 걸려 최악의 경우 와이어가 끊어져 버린다. 조급해하지 말고 분명하게 단계를 밟아 가자.

① 와이어를 당긴다

와이어를 조금씩 말아 올리다가 팽팽하게 당겨진 상태에서 멈춘다. 만약 후크가 운반물의 중심에 맞지 않아 기울어져 당겨졌다면 되돌려 후크의 위치를 수정한다.

지면 위로 살짝 띄웠을 때는 와이어 표면도 확인한다. 만약 기름이 배어 나오면 안전 하중을 넘어선 것이므로 작업을 중지한다. 또 양중용 와이어의 직경은 너무 얇아도 안 되고 너무 두꺼워도 안 된다. 와이어에 하중이 걸리지 않아 운반물이 미끄러져 내리는 일이 생기기 때문이다. 운반물의 무게에 맞는 와이어를 고르는 것이 좋다.

② 약간만 들어 올리고 멈춘다

다시 말아 올려 운반물을 아주 조금 띄운다(지면 위로 띄우기). 이때 운반물이 수평으로 매달려 있어야만 와이어를 말아 올려도 된다. 만약 기울어진 것이 확인된다면 결코 무리하지 말고 다시 내린 다음 재조정한다.

작업 가능한 조건을 확인하는 방법

어디까지 들어 올릴까를 확인한다

매달아 올린 짐을 실제로 이동하기 전에 '이 무게의 운반물을 작업 반경 내 어디까지로 이동할 수 있을까?'를 확인해야 한다. 크레인 사용에서 가장 중요한 일이다.

지금까지의 흐름으로는 '붐의 길이와 각도'를 결정하고, '운반물의 무게'를 확인한 후, 그 조건 하에서의 '작업 반경'을 이해하게 된다. 만약 상황이 좋지 않다면 붐의 길이나 트럭의 주차 위치 등을 수정한다. 실제 작업에서 붐을 기복할 때는 반드시 붐의 근본인 '하중지시계'에 표시된 허용 범위 안에서 해야 한다. 그 범위 내에 있다면 일단은 안전한 작업이 가능하다.

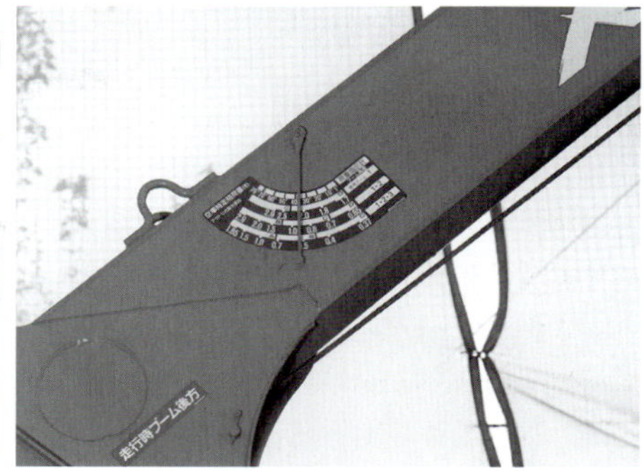

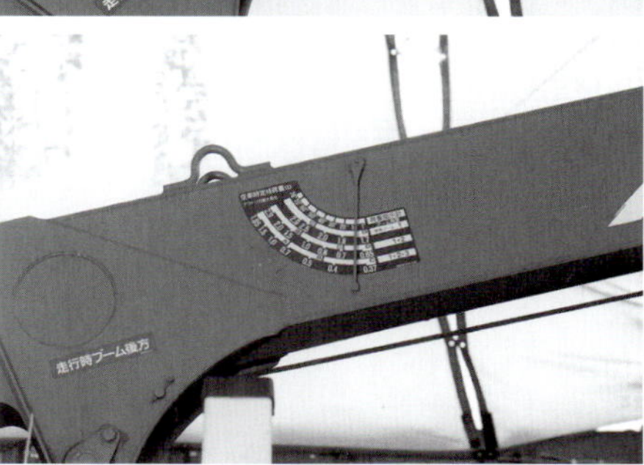

① 붐의 길이와 각도를 확인한다

상황에 맞게 붐의 길이와 각도를 결정, 하중지시계로 달아 올린 짐의 무게를 확인한다. 길이와 각도에 의해 읽는 눈금이 달라진다(사진). 만약 2단+α로 늘였다면 3단까지 뻗은 것으로 눈금을 읽어야 한다.

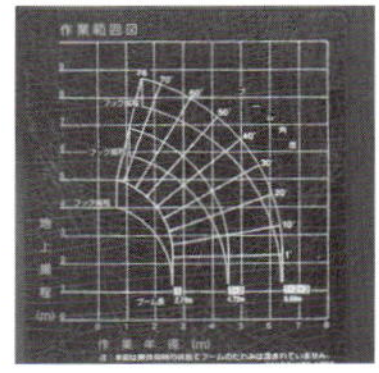

운반물이 없어 하중이 걸리지 않은 상태에서 붐이 어떤 길이, 어떤 각도에 따라 어느 정도 반경까지 도달할 수 있는가 하는 것은 이 작업범위도를 보면 알 수 있다.

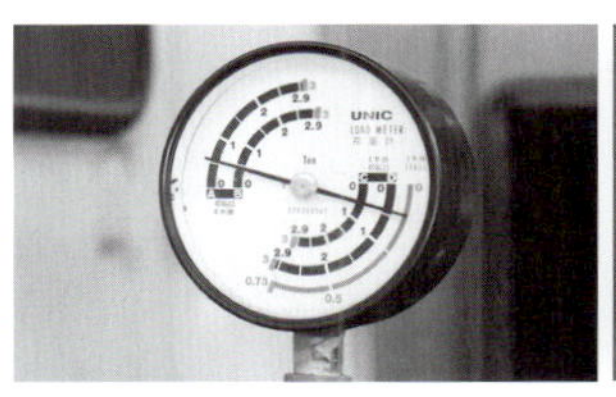

② 운반물의 무게를 확인한다

앞뒤가 바뀌었지만 만약 운반물의 무게를 알 수 없는 경우라면 일단 천천히 와이어를 말아 올려, 하중계를 확인한다. 붐의 길이와 각도에 따라 눈금이 달라진다.

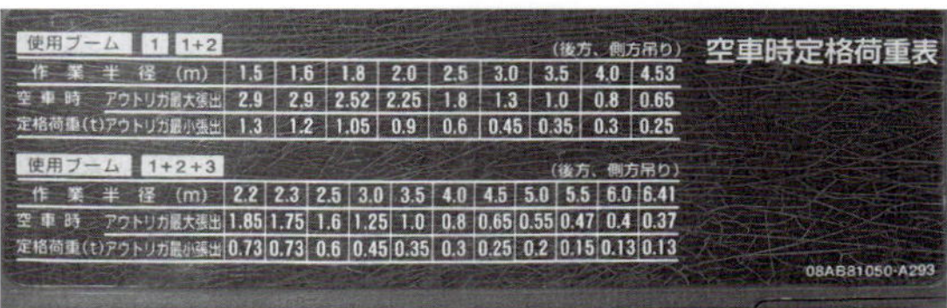

使用ブーム　1　1+2									(後方、側方吊り)	空車時定格荷重表
作　業　半　径　(m)	1.5	1.6	1.8	2.0	2.5	3.0	3.5	4.0	4.53	
空車時　アウトリガ最大張出	2.9	2.9	2.52	2.25	1.8	1.3	1.0	0.8	0.65	
定格荷重(t)アウトリガ最小張出	1.3	1.2	1.05	0.9	0.6	0.45	0.35	0.3	0.25	

使用ブーム　1+2+3										(後方、側方吊り)
作　業　半　径　(m)	2.2	2.3	2.5	3.0	3.5	4.0	4.5	5.0	5.5	6.0	6.41
空車時　アウトリガ最大張出	1.85	1.75	1.6	1.25	1.0	0.8	0.65	0.55	0.47	0.4	0.37
定格荷重(t)アウトリガ最小張出	0.73	0.73	0.6	0.45	0.35	0.3	0.25	0.2	0.15	0.13	0.13

08AB81050·A293

③ 공차 시 정격 하중을 확인한다

운반물의 무게, 붐의 길이와 각도가 결정되고 공차 시 정격 하중표를 보면 작업 가능한 반경을 알 수 있다. 작업 반경이 커질수록 달아 올리는 무게는 가벼워진다.

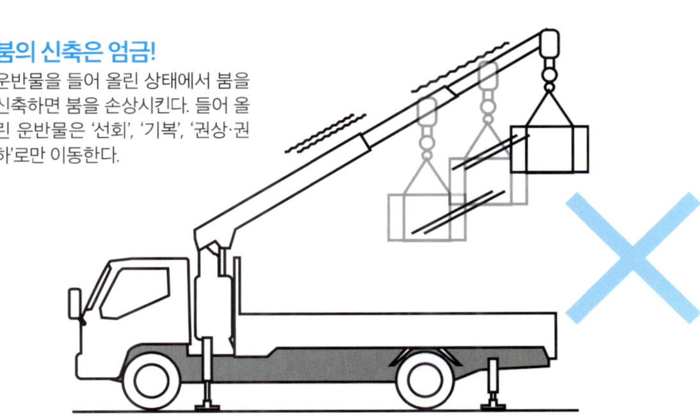

붐의 신축은 엄금!

운반물을 들어 올린 상태에서 붐을 신축하면 붐을 손상시킨다. 들어 올린 운반물은 '선회', '기복', '권상·권하'로만 이동한다.

아우트리거를 펼치지 않았을 때는…

아우트리거는 최대한으로 펼치는 것이 기본이지만 부득이하게 덜 펼친 상태로 작업을 해야 할 경우에는 공차 시 정격 하중표에 해당하는 눈금을 읽는다. 들어 올릴 무게와 작업 반경이 확실히 줄어든다.

05 운반물을 이동한다

운반물의 '흔들림'을 잡는다

들어 올린 운반물을 이동할 때는 붐의 '선회'와 '기복', 와이어의 '권상·권하'를 사용한다.

기복의 범위는 앞에서 살펴본대로 '하중표 시계'에서 확인하고, 선회는 가능한 아웃트리거보다 후방에서 한다.

운반물을 안전하게 이등하는 데 있어 가장 중요한 것은 '흔들림'을 잡는 것이다. 휘청휘청 흔들리면 효율적인 작업이 불가능할 뿐 아니라 무엇보다 위험하다. 흔들림을 잡는 원리는 진자를 멈출 때와 똑같다. 우리가 손에 든 물건이 너무 흔들릴 때 무의식적으로 하는 행동이기도 하다.

이것을 붐의 움직임에 적용하면 운반물이 좌우로 흔들릴 때는 붐의 선회를, 운반물이 전후로 흔들릴 때는 붐의 기복을 사용해 최대 진폭과 같은 양을 움직여 흔들림을 잡을 수 있게 된다.

'흔들림'은 반드시 생긴다 붐을 약간이라도 움직였다가 멈추면 관성에 의해 이와 같은 흔들림이 반드시 생긴다. 피할 수 없는 물리의 법칙이다.

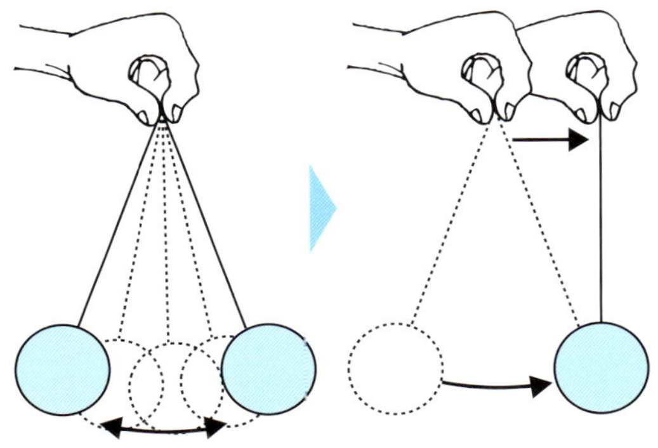

같은 양을 움직여 '흔들림'을 멈춘다

흔들림을 멈추는 원리. 진자의 진폭이 최대가 되는 것과 동시에 손(지점)을 같은 양만큼 움직이면 흔들림이 흡수되듯이 멈춘다. 크레인에서도 같은 방식으로 하면 흔들림을 멈출 수 있다.

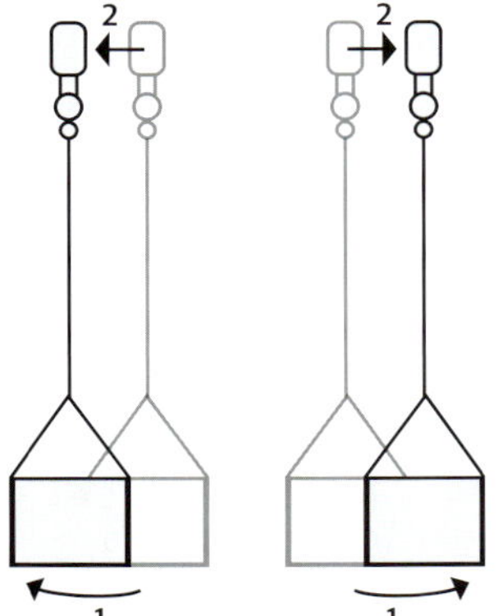

'좌우'의 흔들림은 '선회' 레버로

크레인에서 흔들림을 멈출 때는 운반물이 최대로 흔들리는 것과 동시에 붐을 같은 방향으로, 같은 양만큼 움직인다. 운반물이 붐을 기준으로 좌우로 흔들린다면 (1), 선회 (2)를 사용해 멈춘다.

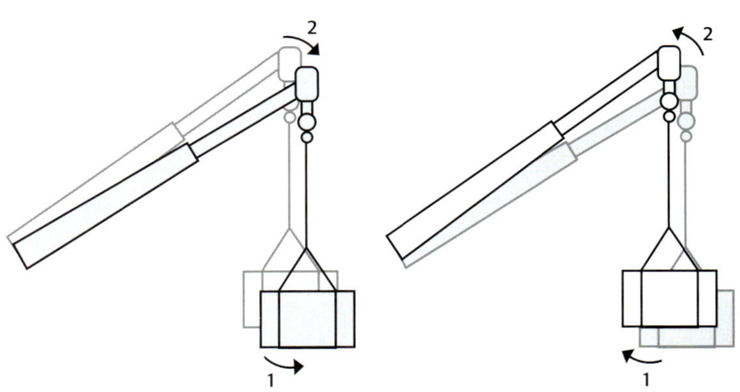

'전후'의 흔들림은 '기복' 레버로

운반물이 붐의 전후로 흔들릴 때는 (1), 기복 (2)를 사용해 붐의 끝단을 운반물과 같은 양만큼 상하로 움직여 흔들림을 잡는다. 실제로는 상하 움직임이 약간 더해지게 된다.

키워드는 '2회'

실제로 운반물을 들어 올려 이동할 때는 '2회 스타트, 2회 스톱'이 원칙이다. 또한 일단 한번 멈춤으로 인해 발생한 운반물의 흔들림을 잡으면서 다음 동작으로 옮겨가게 된다.

특히 스타트는 일단 한번 멈추면서 생긴 흔들림을 '이용'해 이동으로 이어 가도록 하는 것이 핵심이다. 운반물이 최대로 흔들릴 때 붐을 움직여 흔들림을 흡수하고 그 자리에서 멈추는 것이 아니라 그 흐름을 지키며 부드럽게 이동한다. 스톱할 때는 흔들림을 잡는 기본을 그대로 행한다.

운반물의 형태와 상관없이 이 기본은 항상 똑같다. 크레인 운전의 테크닉은 기본적으로는 이 '흔들림을 잡는' 기술을 의미한다.

또한 이동할 때는 와이어를 풀어 운반물이 가능한 낮게 매달린 상태에서 하기를 바란다. 예측할 수 없는 사태가 생기더라도 운반물이 빨리 지면에 닿는다면 그만큼은 사고를 피하기 쉽다.

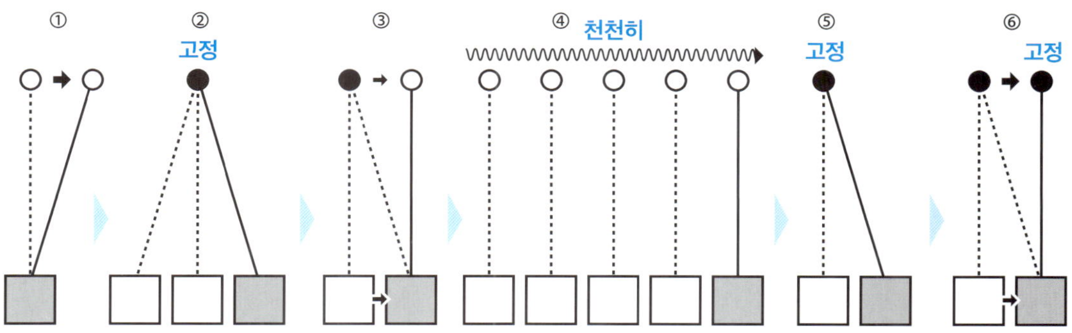

'2회 스타트, 2회 스톱'이 원칙

운반물 이동의 실제. 왼쪽에서부터 ① 붐을 움직이면 운반물이 뒤늦게 따라온다. ② 일단 멈추면 운반물이 붐을 앞지르듯 흔들린다. ③ 흔들림이 최대가 되는 것과 동시에 붐을 움직인다. ④ 운반물과 붐의 움직임이 일치되면 그대로 천천히 움직인다. ⑤ 일단 멈추면 운반물이 붐을 추월하듯 흔들린다. ⑥ 같은 양만큼 움직여 멈춘다.

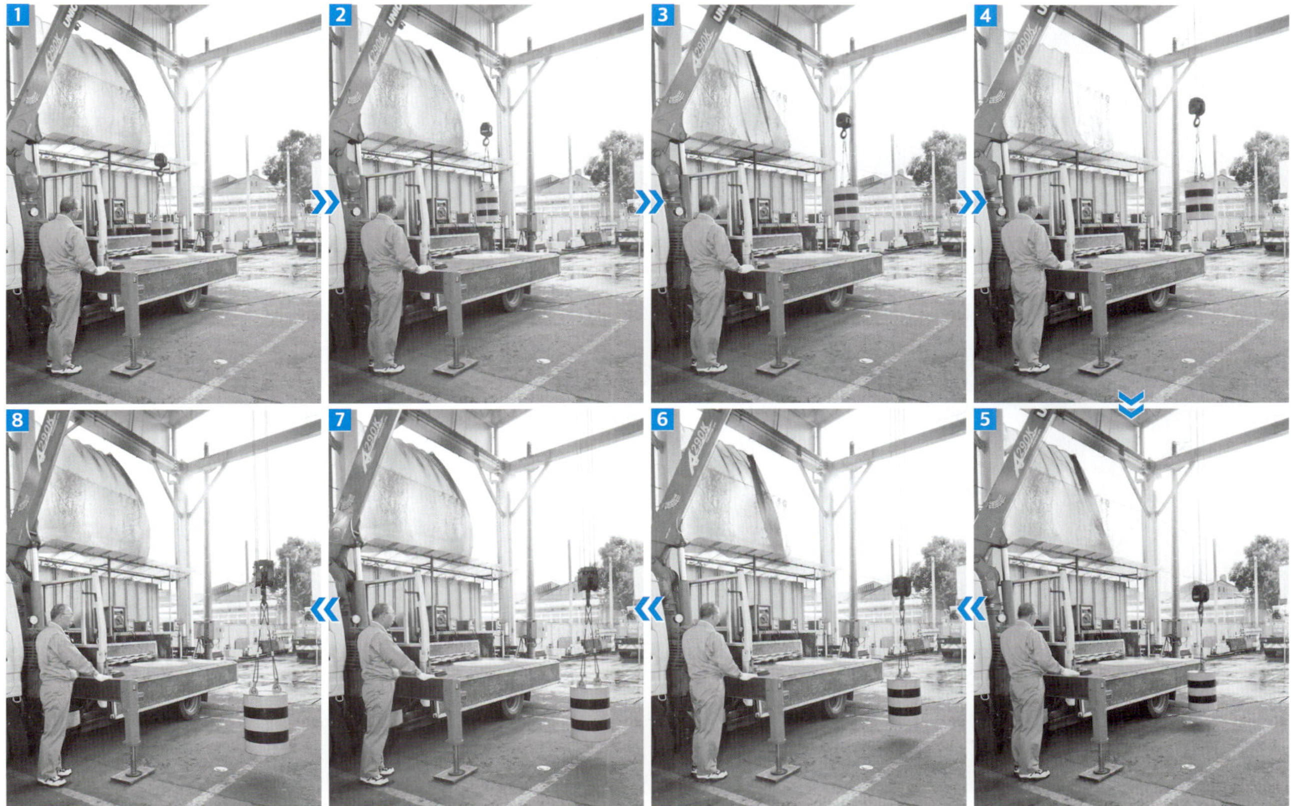

가능한 낮은 위치에서 움직인다

운반물을 이동할 때에는 조건이 허락하는 한 낮은 위치에서 한다. 트럭의 한쪽이 위로 뜬다거나 하는 예측할 수 없는 사태가 생겨도 운반물이 먼저 지면에 닿으면 트럭이 넘어지지는 않기 때문이다. 즉 화물칸에 실린 운반물을 내릴 때에는 운반물이 화물칸 울타리를 넘어가면 일단 멈추고 와이어를 풀어서 운반물의 위치를 낮추는 과정을 추가하게 된다.

06 운반물을 내린다

운반물이 허물어지지 않는지 확인

운반물을 내릴 때에는 앞에서 살펴본 '양중 → 지면에서 띄우기'의 과정을 거꾸로 한다.

지면에서 떠 있을 때 충격 하중을 피하기 위해 일단 멈추는 것과 같이 같은 높이에서 운반물을 일단 멈춘 다음 서서히 내린다(착상).

절대로 한번에 와이어가 느슨해지지 않도록 착상 단계에서 다시 한번 멈춘다. 여기에서 운반물이 허물어질 염려가 없는지 확실히 확인한다.

이렇게 모든 크레인 작업을 완료했다면 순서에 따라 붐을 격납한 후 PTO를 끄고, 엔진을 꺼서 종료한다.

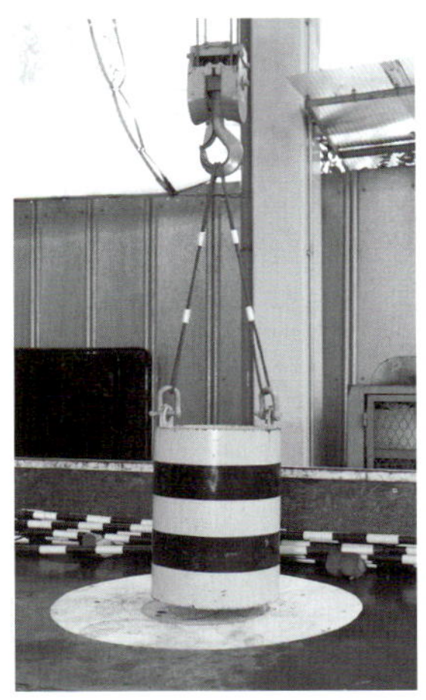

① 지면에서 약간 띄운 상태에서 멈춘다

운반물의 흔들림이 멈춘 상태에서 와이어를 풀어 운반물을 천천히 내리고, 지면에서 약간 띄웠을 때와 같은 정도의 높이에서 일단 멈춰 안전을 확인한다.

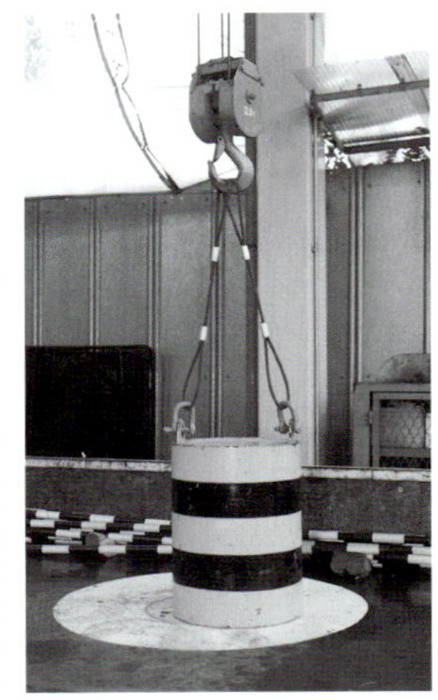

② 운반물이 허물어지지 않는지 확인

멈춘 위치에서 다시 천천히 운반물이 바닥에 닿을 때까지 천천히 내린다(착상). 와이어가 약간 느슨해진 지점에서 다시 멈춰 운반물이 허물어지는 등의 위험은 없는지 확인한다.

③ 와이어를 벗긴다

와이어를 후크에서 벗기고 종료.

④ 붐을 격납하고 PTO를 끈다

작업이 완료되면 붐과 와이어를 단축해 원래 상태로 되돌리고, 선회 레버를 사용해 붐과 트럭의 중심선을 맞춘다. 경보 장치를 끄고 난 다음 격납 레버로 후크를 주행 상태로 하고 나면 아웃트리거의 잭에 압력을 제거하고 수납한다. 클러치를 밟고 PTO를 끄고 엔진을 멈춘다.

전문가의
조언

기계 능력을 넘는 사용 말아야

나고우네 강사에게 트럭 탑재형 크레인의 운전에 관한 주의점을 다시 한번 들었다.

"크레인 운전은 복잡한 요소가 많지만 강습을 받으면 누구나 어느 정도까지는 할 수 있게 됩니다. 그 다음은 현장게서의 실제 작업을 통해 경험을 더해 가는 것이 중요합니다. 실제 작업에서 무엇보다 중요한 것은 '매달 짐의 무게를 파악하는 것'과 '작업 반경은 가능한 작게 하는 것'이라고 할 수 있습니다. 작업 중에는 무심코 작업 반경의 허용 범위를 넘어가기 쉽기 때문입니다. 트럭이 넘어지는 등의 큰 사고의 대부분은 운반물의 무게나 작업 반경을 넘어 무리하게 매단 것이 원인입니다."

이것을 피하기 위해서도 '크레인의 한계는 생각한 것보다 빨리 온다'는 것을 의식적으로 생각하는 것이 중요하다.

"학원에서 가르치는 기본만 제대로 알고 있다면 어떤 현장에서든 크레인 작업의 본질은 똑같습니다. 어쨌든 '기계 능력 이상으로는 사용하지 않는다'는 것. 이것만이라도 확실하게 지킨다면 큰 사고는 일단 일어나지 않습니다. 트럭 탑재형 크레인은 다른 중기에 비해 다루기 어려운 면도 있지만 반대로 다룰 가치가 충분한 기계이기도 합니다. 현장에서의 풍부한 경험을 바탕으로 부디 자신의 기술이 될 수 있기를 바랍니다."

IHI 기술교습소 도쿄센터의 교무 주임을 맡고 있는 나고우네 씨.

트럭 탑재형 크레인에 대해 알아 두어야 할 **기초 지식**

정기 검사를 잊지 않도록

트럭 탑재형 크레인에서는 기본이 되는 트럭의 자동차 검사 이외에 크레인 장치의 '정기 검사'가 법적 의무화되어 있다. 트럭 탑재형 크레인을 소유하고 있다면 잊지 말고 실시해야한다.

정기 검사는 구입한 판매점에 맡기는 것이 좋다. 사용자는 기계의 각 부분에 대한 윤활유 보충, 기름 누수 확인, 유압 시스템 주변의 상처 등 체크, 와이어 체크 등을 확실하게 실시한다.

조금이라도 이상한 점이 감지되면 무리하지 말고 판매점 등에 문의해 전문가의 눈으로 점검 받을 것을 추천한다.

매월 정기적으로 윤활유를 보충한다. 각 가동 부분에 설치되어 있는 윤활유 주입구에 윤활유 건(gun)을 사용해 주입한다. 자세한 사항은 사용 중인 트럭 탑재형 크레인의 취급 설명서를 확인할 것.

양중용 와이어에도 안전 하중이 있다

지금까지는 트럭 탑재형 크레인 자체의 성능을 중심으로 설명했지만 양중 전용 와이어에도 각각의 안전 하중이 정해져 있다. 운반물의 무게나 와이어의 양중 방법에 따라 너무 두껍지도, 또 너무 얇지도 않은 가장 알맞은 와이어를 정확하게 선택할 필요가 있다.

JIS 6×24 A종 안전 하중표(안전계수 : 6)　　　　　(단위 : 톤)

로프 직경 mm	2줄 2지점 달기			2줄 4지점 감아말아 달기 3줄 3지점 달기 4줄 4지점 달기		2중 4지점 반 걸어 달기	
	수직 달기	다는 각 α≤30°	다는 각 α≤60°	다는 각 α≤30°	다는 각 α≤60°	다는 각 α≤30°	다는 각 α≤60°
6	0.600	0.570	0.510	0.840	0.750	1.14	1.02
8	1.07	1.02	0.912	1.50	1.34	2.04	1.82
9	1.35	1.28	1.15	1.89	1.69	2.57	2.30
10	1.67	1.59	1.42	2.34	2.09	3.18	2.84
12	2.40	2.28	2.04	3.36	3.00	4.56	4.08
14	3.28	3.11	2.78	4.59	4.10	6.23	5.57
16	4.28	4.06	3.63	5.99	5.35	8.13	7.27
18	5.42	5.14	4.60	7.58	6.77	10.2	9.21
20	6.68	6.34	5.67	9.35	8.35	12.6	11.3
22	8.12	7.71	6.90	11.3	10.1	15.4	13.8
24	9.64	9.15	8.19	13.4	12.0	18.3	16.3
26	11.3	10.7	9.60	15.8	14.1	21.4	19.2
28	13.1	12.4	11.1	18.3	16.4	24.9	22.3
30	15.0	14.3	12.8	21.1	18.8	28.6	25.6
32	17.1	16.3	14.5	24.0	21.4	32.6	29.1
36	21.6	20.5	18.3	30.2	27.0	41.0	36.7
40	26.8	25.4	22.7	37.5	33.5	50.9	45.5

참고 : 사단법인 일본 크레인 협회 홈페이지 http://www.cranenet.or.jp/

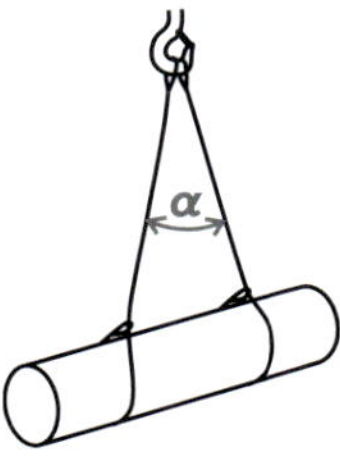

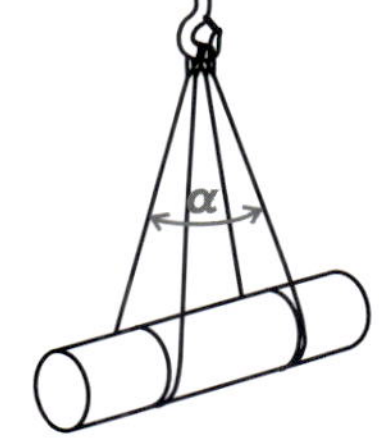

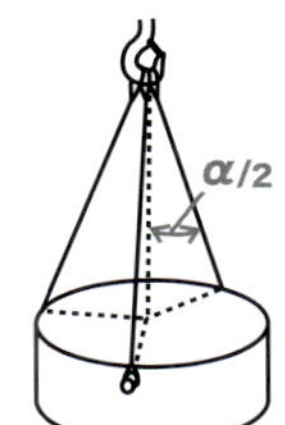

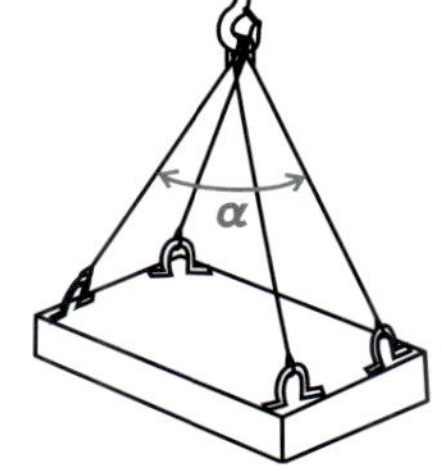

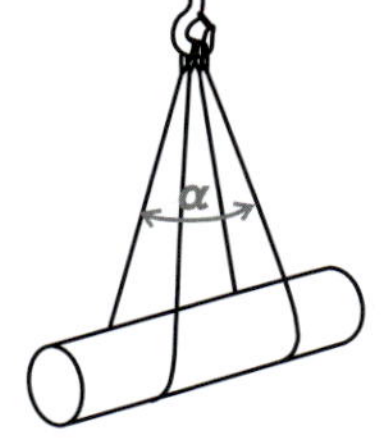

전문가에게 배우는 중기 활용 기술

미니 굴삭기와 트럭 탑재형 크레인을 사용한 개간· 땅 고르기 작업, 그리고 운반물을 들어 올리는 작업을 위한 노하우를 통나무집 디자이너 우츠 아키오 씨의 설명으로 알아본다. 중기의 작동 방법 이외에도 폭넓은 지식이 요구되므로 주의가 요구된다.

중기 취급 방법을 이해하기 위해 9㎡의 부지 내에 소형 통나무집을 짓는 과정을 살펴보기로 한다. 이 과정은 땅 고르기를 하고, 콘크리트를 붓고, 기초를 다지는 등 주택을 짓기 위한 본격적인 공법이 아니라 정지한 땅 위 네 귀퉁이에 주춧돌을 얹어 놓고, 그 의에 기둥과 토대를 설치하는 비교적 간단한 공법으로 진행될 것이다. 이 전제에 따라 다음 페이지에서는 땅 고르기를 하는 방법과 통나무를 매다는 방법 등 중기의 구체적인 활용 방법에 대해 살펴본다.

우츠 아키오
주식회사 WILD LIFE 대표 겸 통나무집 디자이너. 핸드메이드 통나무집 디자인과 시공을 하며, 체인 톱 기술자로도 많은 수상 경력을 가지고 있다.

1 미니 굴삭기로 간단하게 땅 고르기

중기 활용 기술

미니 굴삭기를 이용해 땅 고르기 작업을 하는 법을 알아보자.
우선 네 귀퉁이에 초석을 놓을 장소를 올바르게 측량할 필요가 있다.
그 다음에는 미니 굴삭기를 사용해 흙을 파내는 것이다.

step 1 집을 지을 장소를 선택한다

가능한 평탄한 장소를 선택한다. 다만 첫눈에 봤을 때는 평탄한 장소라도 의외로 고저 차가 있을 수 있기 때문에 그것을 미니 굴삭기로 고른다. 땅을 고를 때에는 ①평탄하게 깎는 법과 ② 흙을 보내는 법 두 가지 방법이 있다. 하지만 기본적으로는 흙을 보태는 법은 사용하지 않는다. 흙을 보탠 부분이 부드러워져 지반이 가라앉아 버리기 때문이다.

이 장소에 3m×3m의 작은 집을 짓는 과정이다. 이때 고려해야할 것은 빗물. 뒤로 산이 있는 장소는 비가 오면 산으로부터 빗물이 내려오기 때문에 이에 대한 대처가 필요하다. 그 방법에 대해서는 다음에 살펴보도록 한다.

step 2 가장 높은 지점을 찾아 쐐기를 박는다

주춧돌을 얹어 놓을 네 지점 가운데 가장 낮은 한 지점과 비교해서 나머지 세 지점의 높이가 얼마나 높은가를 측정해 그 차이만큼씩 미니 굴삭기로 깎는다. 처음에는 주춧돌을 얹어 놓을 네 지점을 눈대중 해본다. 그 다음 줄자를 사용해 네 지점 각각의 위치를 정하고, 그 중 가장 높은 지점(포인트)을 확인한다.

가장 높은 위치를 알았다면 그 곳에 쐐기 0을 박아 넣는다. 그 포인트가 나머지 세 지점의 정확한 위치를 측량하기 위한 기준점이 된다.

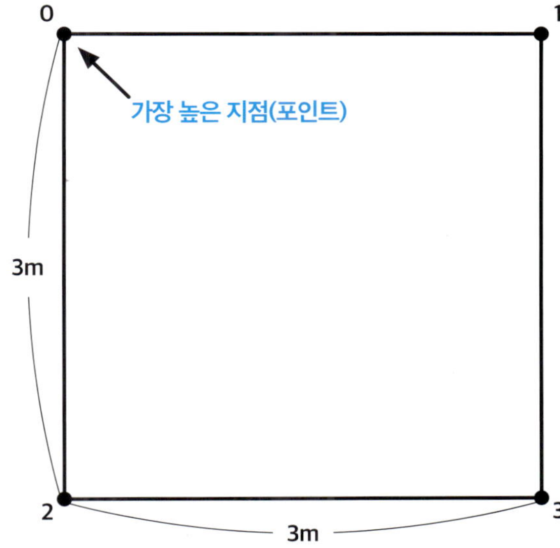

주춧돌을 얹어 놓을 최초의 포인트를 정했다면 두 번째 지점을 정한다. 줄자로 쐐기 0으로부터 3m의 지점을 재서 쐐기 1을 박아 넣는다. 쐐기 0과 쐐기 1의 두 지점이 정해지면 2와 3의 위치는 저절로 정해진다. 이때 약간의 수학적 지식이 필요하므로 학창 시절 기억을 되살려보길 바란다.

① 포인트로부터 3m의 위치에 쐐기 1을 박아 넣는다.

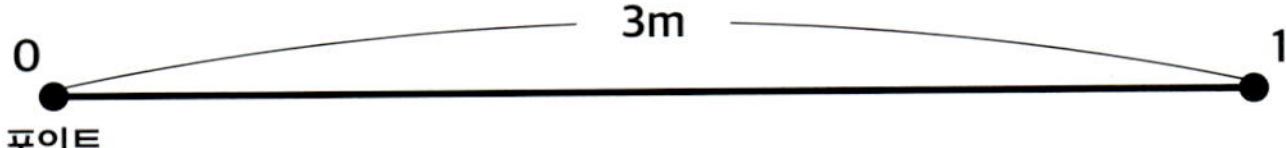

② 포인트로부터 3m인 또 다른 위치에 쐐기 2를 박아 넣는다. 피타고라스의 정리를 이용해 박아 넣을 곳을 결정한다.

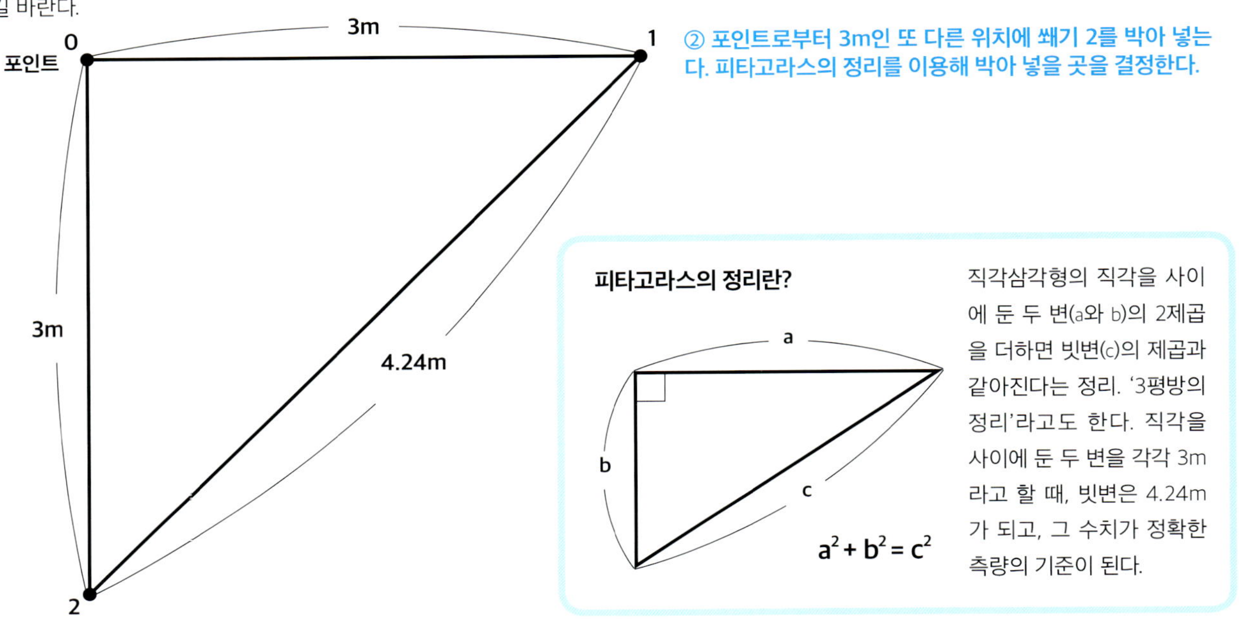

피타고라스의 정리란?

직각삼각형의 직각을 사이에 둔 두 변(a와 b)의 2제곱을 더하면 빗변(c)의 제곱과 같아진다는 정리. '3평방의 정리'라고도 한다. 직각을 사이에 둔 두 변을 각각 3m라고 할 때, 빗변은 4.24m가 되고, 그 수치가 정확한 측량의 기준이 된다.

$$a^2 + b^2 = c^2$$

③ 쐐기 1과 2를 기준(원의 중심)으로 하고 줄자를 콤파스처럼 사용해 그린 두 선이 만나는 곳이 쐐기 3이 된다.

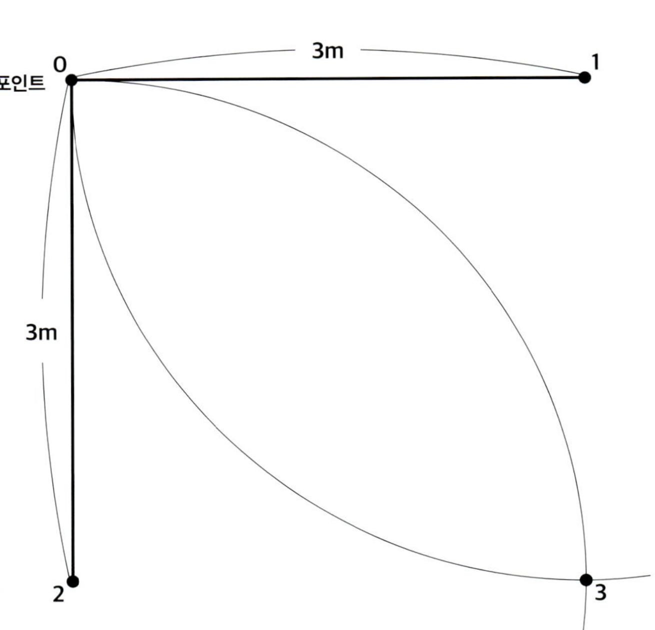

측정은 가능한 정확하게 한다. 측정을 정확히 해두면 이후 작업이 한결 쉬워지기 때문이다.

step 4
수평기를 이용해 포인트에 대한 고저 차를 측정한다

4개의 쐐기를 박아 넣어 집의 네 귀퉁이가 될 장소를 정확하게 알게 되었다면 미니 굴삭기로 파내야 할 깊이를 알기 위해 고저 차를 측정한다. 가장 높은 포인트인 쐐기 0을 기준으로 남은 세 지점은 몇 센티미터나 낮은지 수평기를 이용해 측정한다.

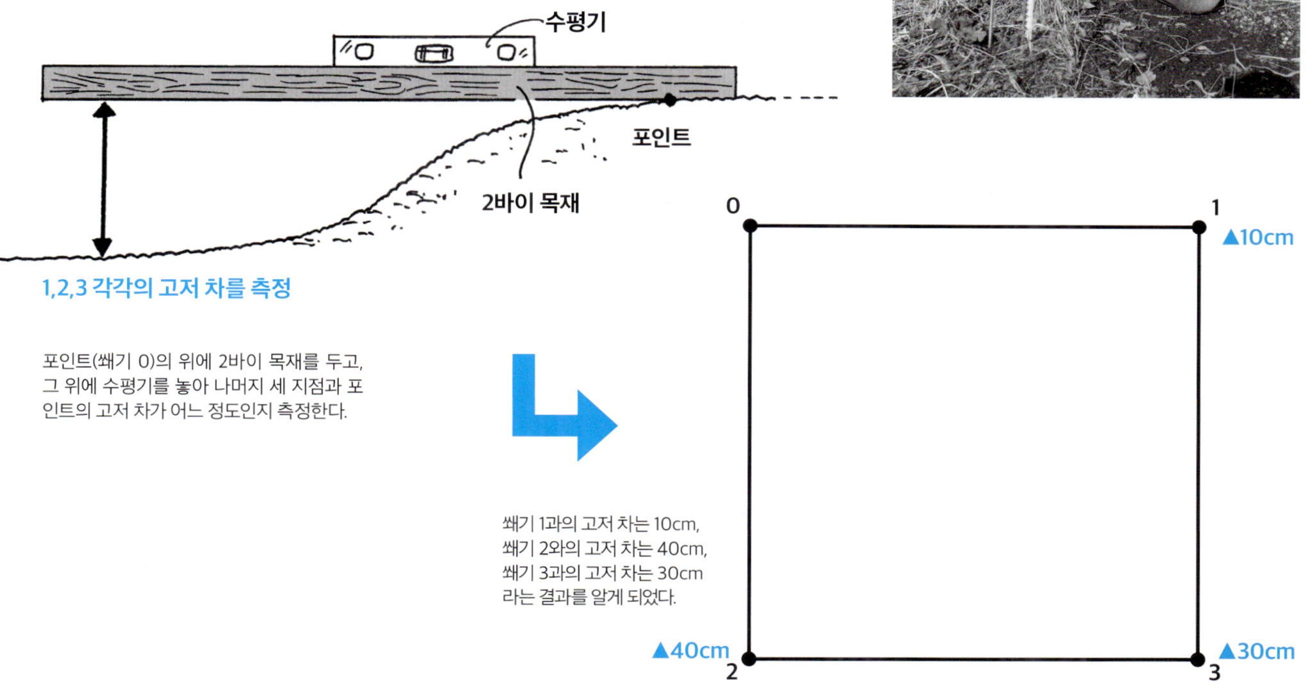

포인트(쐐기 0)의 위에 2바이 목재를 두고, 그 위에 수평기를 놓아 나머지 세 지점과 포인트의 고저 차가 어느 정도인지 측정한다.

쐐기 1과의 고저 차는 10cm,
쐐기 2와의 고저 차는 40cm,
쐐기 3과의 고저 차는 30cm
라는 결과를 알게 되었다.

step 5
미니 굴삭기로 파낼 깊이를 결정한다

기본은 전부가 평평하게 되도록 하는 것이다. 단 고저 차가 클 경우는 다음과 같은 공법을 이용한다. 가장 높은 쐐기 0의 지점을 어느 정도 파낼 것인가를 결정한다. 이때 주의해야 할 것은 가장 낮은 쐐기 2의 깊이인 40cm 이상 파내지 않도록 하는 것이다. 실제 고저 차의 절반인 20cm 정도를 파내는 것이 좋다. 나머지 20cm 정도의 고저 차는 기둥의 길이로 조정한다.

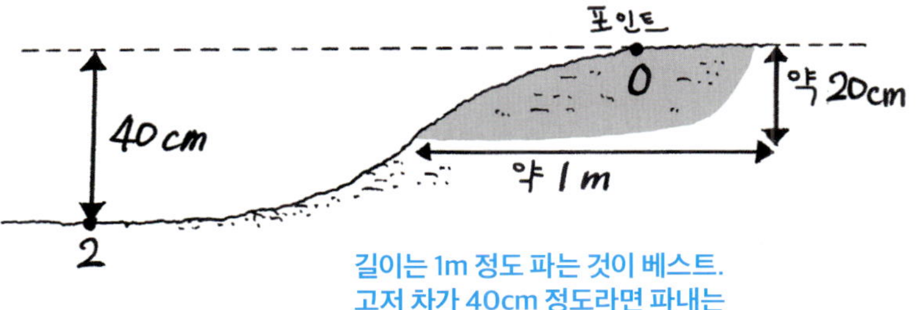

길이는 1m 정도 파는 것이 베스트.
고저 차가 40cm 정도라면 파내는
깊이는 절반인 약 20cm가 적당

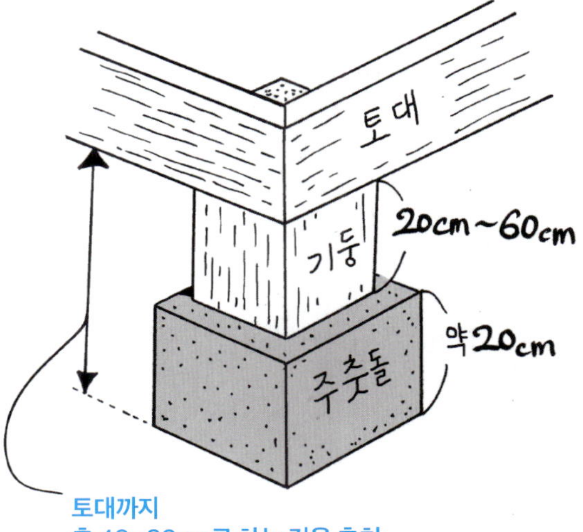

토대까지
총 40~80cm로 하는 것을 추천

step 6 땅을 고른다

20cm 이내의 고저 차는 기둥의 길이로 조절하기 때문에 가장 높은 포인트인 쐐기 0의 지점을 20cm 정도 파낸다. 이때 드디어 미니 굴삭기를 사용한다. 주의할 점은 지나치게 파내는 것은 절대 금물. 그리고 흙을 돋우는 것도 안 된다는 것이다.

지나치게 파지 않음

지나치게 파내지 않도록 주의할 것. 지나치게 파내면 그곳에 빗물이 고이기 쉽다.

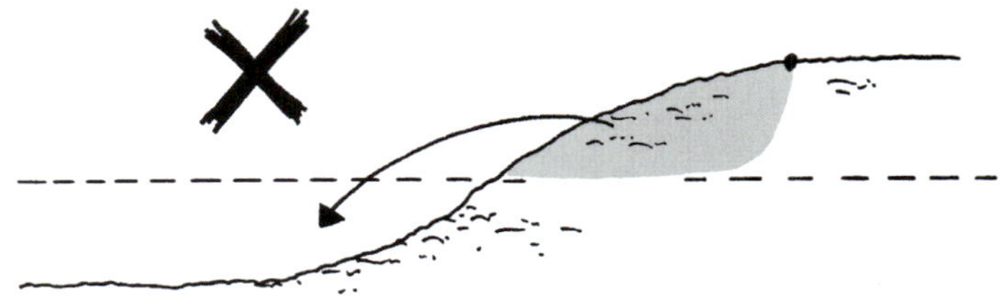

돋우기는 금물

파낸 흙을 이용해 돋우지 말 것. 흙은 돋운 부분은 푹신푹신해지고 굳지 않아 지내력이 약해진다.

나무 벌채 방법

나무 등의 장애물이 있는 장소에 집을 짓고자 하는 경우도 많다. 이 경우를 대비해 크레인과 체인 톱을 사용해 나무를 벌채하는 방법을 확실히 배워 두자. 벌채를 할 때는 최초에 나무를 넘어뜨릴 방향을 결정, 벌채 방향에 있는 낮은 나무 등을 미리 베어 퇴로를 확실하게 확보해두는 것이 중요하다. 그리고 마지막에 그루터기를 끌어당길 때 차체가 앞으로 넘어지지 않도록 계곡 쪽에서 작업해야 한다.

1 나무를 쓰러뜨릴 방향을 결정하고, 벌채 방향에 있는 낮은 나무를 미리 베어 둔다.

2 쓰러뜨릴 방향의 아랫부분에 체인 톱으로 삼각형 모양으로 홈을 판다.

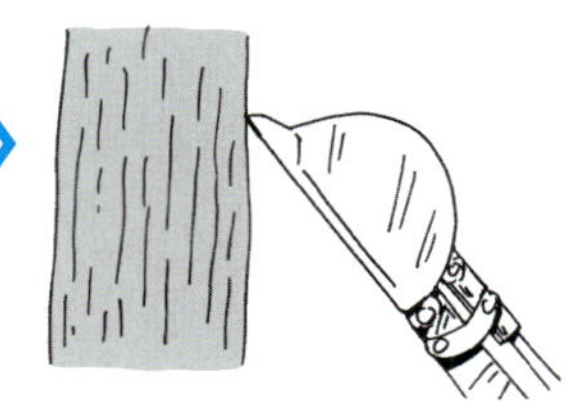

3 자신이 서 있는 방향으로 나무가 쓰러지지 않도록 나무에 버킷을 받쳐 둔다.

4 쓰러지는 쪽(삼각형 모양의 홈)의 반대편에서부터 칼집을 넣고 그곳에 쐐기를 쳐서 박는다.

5 뿌리를 남기고 나무가 쓰러진다.

6 뿌리 주변 반경 2m를 파서 주변을 둘러싸고 붙어 있는 뿌리를 버킷으로 비벼 자른다.

7 그루터기를 파내어 슬링벨트(sling belt)를 사용해 매달아 제거한다.

step 7 — 네 곳에 주춧돌을 얹는다

땅을 고를 때 미니 굴삭기로 판 흙은 반드시 부지 내의 낮은 장소에 버린다. 그곳은 지내력이 약하기 때문에 아무것도 지을 수 없다. 그리고 땅 고르기가 완료되면 쐐기를 박아 넣은 네 지점에 주춧돌을 얹어 놓는다.

주춧돌 위에 기둥을 놓고, 토대를 올리는 공법의 예. 소형 통나무집이라면 간단한 공법으로 만들 수 있다.

주춧돌은 2×4 주춧돌, 손잡이가 달린 주춧돌, 손잡이 없는 주춧돌 등이 있다. 주춧돌을 놓기 전에 확실하게 지면을 두드려 둔다. 그 위에 주춧돌을 얹어 놓으면 이것이 기둥과 토대를 지탱하는 베이스가 된다.

step 8 — 물길을 만든다

빗물을 피하기 위한 물길을 만든다. 그림의 0은 20cm를 파냈어도 가장 높은 지점. 따라서 두 번째로 높은 지점은 1이다. 또 가장 낮은 지점이 2, 두 번째로 낮은 지점은 3이다. 거기에 0으로부터 2로 흐르는 물길을 만든다. 또한 1로부터 3으로 흐르는 물길도 만들어 둔다.

물길은 길이 5~10cm, 폭 20cm 정도면 충분하다. 미니 굴삭기로 한번 파 보고 비가 내렸을 때 다시 한번 체크해 조정하는 것이 좋다.

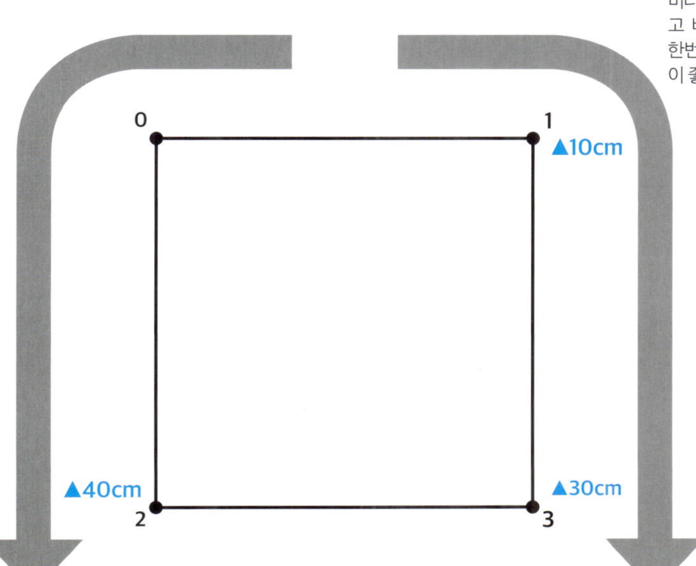

중기 활용
기술

2 트럭 탑재형 크레인으로 통나무 달아 올리기

자재를 운반하고, 달아 올리는 것이 가능한 트럭 탑재형 크레인.
한 대 있으면 매우 편리한 중기다. 그러나 무거운 것을 달아 올리는
작업이다. 작은 실수 하나도 사고로 이어지므로 각별한 주의가
필요하다. 우선 통나무를 매다는 방법을 분명하게 기억해 두자.

step 1 차량을 확실하게 set up

통나무로 소형 주택을 지을 경우 사람의
힘으로 들어 올릴 수 있는 정도는 3~4
단이라고 할 수 있다. 이보다 높은 곳에
통나무나 기타 재료를 들어 올리는 데
는 트럭 탑재형 크레인이 있으면 편리하
다. 트럭 탑재형 크레인을 사용할 때 주
의할 점은 운반물을 달아· 올리기 쉬운
장소에 차량을 정차시켜 아우트리거와
지면 사이에 반드시 깔판을 깔아 둔다
는 것. 그 상태에서 붐을 뻗어 작업에 들
어간다.

1 우선 화물 바로 옆에 차량을 이동시킬 것. 붐을 뻗어 멀리 있는 물건을 들어 올리는 것은 금물.

2 아우트리거가 지면에 파묻혀 차량이 전도되는 것을 방지하기 위해서는 반드시 깔판을 깔아 둘 것.

3 붐을 움직여 확실하게 작동하는지 확인한다.

step 2 양중을 한다

통나무와 같이 큰 물건을 달아 올릴 때에는 운반물의 양중 방법을 알아야 할 필요가 있다. 슬링벨트를 사용한 양중 방식을 꼭 기억해두기 바란다. 사실 자재 반입 시 일어나는 사고의 대부분은 크레인을 사용한 양중 작업에서 발생한다. 안전하게 양중하는 노하우는 반드시 몸에 익혀 두어야 한다.

양중의 대표적인 방법. 우선 안정적으로 매달 수 있는 장소를 찾은 다음 슬링벨트 두 줄을 사용해 두 지점에서 묶는다.

이 경우는 통나무를 수직으로 매다는 양중 방식. 스링벨트 두 줄을 사용하고 있다. 상량 등의 경우 이런 양중 방식이 적당하다.

매다는 기구는 다양하다

매다는 기구는 이 외에도 다양한 것들이 있다. 전문가는 운반물의 크기에 따라 알맞은 것을 골라 쓰고 있다.

안전한 양중을 위해 알아 두어야 할 점

운반물을 쌓을 때는 침목을 사용한다

통나무를 쌓을 때는 침목을 써서 지면과의 사이에 틈을 만든다. 지면에 직접 쌓아 두면 슬링벨트를 통과시킬 수 없기 때문이다.

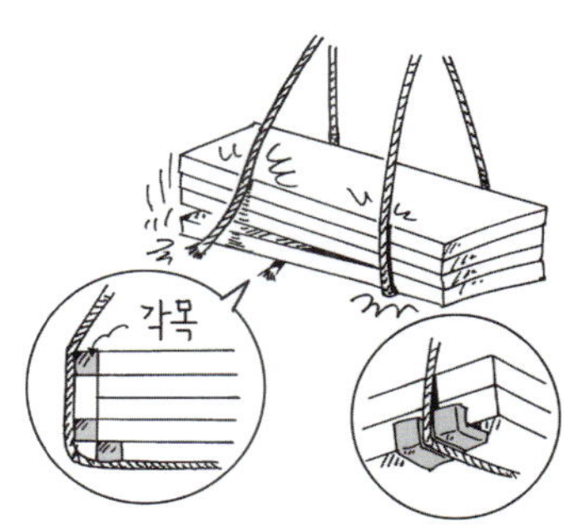

물건에 따라 보조재를 끼운다

석고보드와 같이 부드러운 것이나 각이 있는 것을 매달아 올릴 경우 운반물의 모서리 때문에 슬링벨트가 끊어지거나 운반물이 패는 것을 방지하기 위해 각목 등을 끼워서 매단다.

달아 올린 운반물과 씨름을 하지 않는다

운반물을 손으로 잡아 밀거나 유도되어 온 운반물을 손으로 멈추려고 하면 운반물 사이에 끼어 부상을 당할 수 있으므로 특히 주의하자.

크레인으로 슬링벨트를 잡아 빼지 않는다

크레인으로 슬링벨트를 잡아 빼는 것은 운반물의 붕괴를 일으킬 위험이 있으므로 절대 금물. 슬링벨트가 운반물 사이에 끼어 있지 않은가를 확인하고 반드시 손으로 잡아 뺄 것.

step 3 통나무를 달아 올린다

크레인을 조작해 실제로 통나무를 달아 올린다. 우선 10cm 정도 들어 올려 양중이 확실하게 되어 있는가, 운반물이 안정적인가를 체크한다. 문제가 없다면 화물칸을 열어 달아 올린 운반물을 화물칸 높이까지 들어 올린다. 하중지시계와 공차 상태 정격 하중표를 확인하면서 해야 한다.

1 양중한 통나무를 우선 10cm 정도 들어 올려 본다.

2 슬링벨트가 확실하게 묶여 있는지를 다시 한번 확인한다.

3 화물칸 높이까지 들어 올린다. 더 높이 올리고 싶은 마음이 들겠지만 그럴 필요가 없다. 안전을 제일로 생각하면서 작업해야 한다.

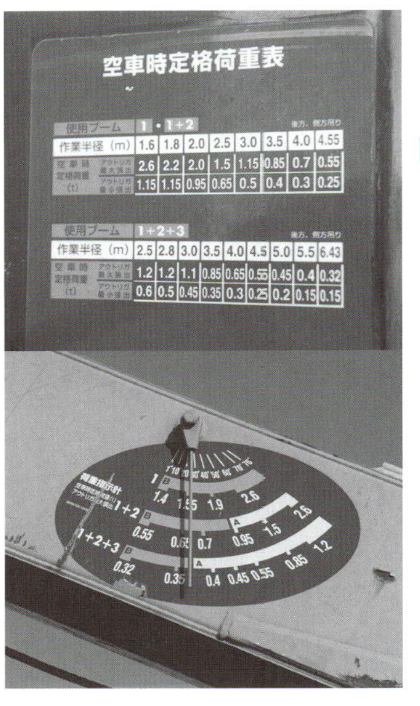

空車時定格荷重表

使用ブーム	1・1+2							後方、側方吊り
作業半径 (m)	1.6	1.8	2.0	2.5	3.0	3.5	4.0	4.55
空車時定格荷重 (t) アウトリガ最大張出	2.6	2.2	2.0	1.5	1.15	0.85	0.7	0.55
アウトリガ最小張出	1.15	1.15	0.95	0.65	0.5	0.4	0.3	0.25

使用ブーム	1+2+3								後方、側方吊り
作業半径 (m)	2.5	2.8	3.0	3.5	4.0	4.5	5.0	5.5	6.43
空車時定格荷重 (t) アウトリガ最大張出	1.2	1.2	1.1	0.85	0.65	0.55	0.45	0.4	0.32
アウトリガ最小張出	0.6	0.5	0.45	0.35	0.3	0.25	0.2	0.15	0.15

4 달아 올릴 수 있는 무게가 어느 정도인가 계기류를 확인하면서 작업하자.

5 달아 올린 운반물의 안정을 확인하고 화물칸을 열어 일손을 거들어가며 낮은 곳으로 기어가게 하는 느낌으로 통나무를 이동시킨다.

step 4 통나무를 쌓아올린다

달아 올린 통나무를 화물칸에 쌓아 올릴 때는 서로 뿌리 방향이 반대가 되도록 방향을 교차해 쌓는다. 통나무의 뿌리 방향과 꼭대기 방향은 굵기가 다르기 때문이다. 그리고 화물칸 앞끝 벽에 딱 붙여 쌓는다. 여기에 틈이 있으면 브레이크를 밟을 때 통나무 더미가 흐트러져 위험하다.

1 달아 올린 운반물을 화물칸에 쌓는다. 주변에 사람이나 장애물이 없는지 확인해가며 천천히 통나무를 쌓아 올린다.

2 통나무는 뿌리 방향과 꼭대기 방향을 교차해가며 쌓고, 화물칸 앞끝 벽에 딱 붙도록 한다.

3 타이 다운 벨트를 이용해 화물칸에 통나무를 묶어 둔다. 통나무가 흐트러지지 않도록 단단하게 묶는다.

안전한 작업을 위한 주의 사항

트럭 탑재형 크레인은 달아 올리는 방법을 잘못 알면 사고로 이어
질 위험이 있다. 안전하게 작업하기 위한 주의 사항을 알아보자.

달아 올리는 각도에 신경 쓴다

양중 시 사이를 너무 벌이면 슬링벨트에 부담이 되기 쉽다.
두 개의 벨트가 만드는 각도는 60도 정도가 이상적이다.

운반물의 중심을 끝까지 확인한다

통나무는 뿌리가 있는 쪽으로 갈수록 두껍기 때문에 중심은 가운데가 될 수 없다.
그래서 화물의 중심을 분명하게 확인해야 한다. 여러 번 작업해서 감을 잡아야 한다.

운반물을 지나치게 높이 올리지 않는다

불필요하게 운반물을 높이 들어 올리면 전도되었을 때
큰 사고로 이어진다.

멀리 있는 물건을 달아 올리지 않는다

운반물이 멀리 있을 경우 반드시 차량을 이동시켜 운반물 가까운 곳에서 작업할 것.
붐을 뻗어 먼 곳에서 달아 올리면 전도의 원인이 된다.

한 줄 달기는 하지 않는다

운반물을 달아 올렸을 때 평행이 될 수 있도록 두 지점 또는 세 지점에서 매달 것.
한 줄 달기는 중심을 잡기 어렵고 불안정하기 때문에 하지 않는다.

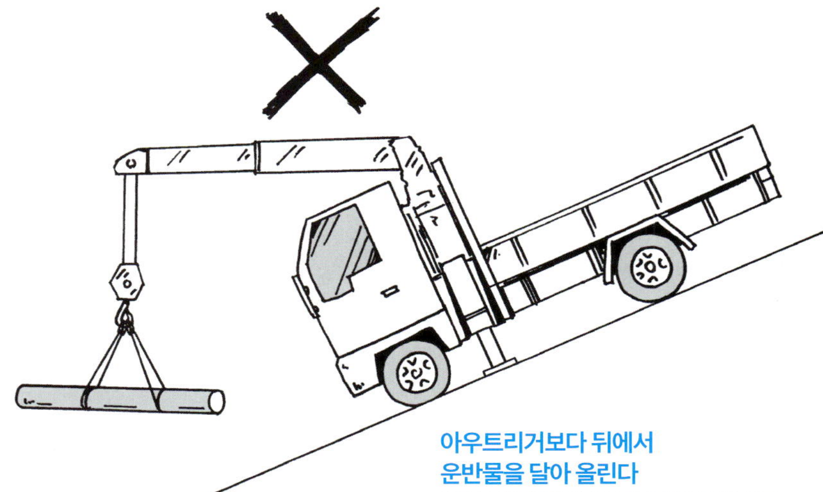

아우트리거보다 뒤에서 운반물을 달아 올린다

반드시 아우트리거보다 뒷부분에서 달아 올릴 것. 트럭 탑재형 크레인은 엔진이 앞쪽에 있어 앞에서 달아 올리면 운반물과 엔진의 무게가 차체의 두 배가 되기 때문에 전도되기 쉬워진다. 특히 주의를 요하는 경우는 경사면에서의 작업. 경사진 곳에서는 차량을 절대 낮은 쪽을 향하게 해서는 안 된다.

달아 올린 운반물 아래로 들어가지 않는다

이는 기본 중의 기본. 달아 올린 운반물 아래로 무심코 들어가지 않도록 주의한다.

혼자서 작업하지 않는다

크레인을 움직이고 있을 때 운반물이 사각에 들어가 버릴 때도 있다. 반드시 동료와 함께 안전을 확인해가며 작업하는 것이 좋다.

DIY 작업은 어디까지나 '즐기는' 범위에서

지금까지 직접 통나무집을 짓는 사람을 많이 봐 왔지만 그들 중에는 작업이 너무 힘들어서 싫증이 난 나머지 도중에 방치하고 마는 경우, 작업 중에 부상을 당하고 마는 경우 등도 있다.

자기 혼자 힘으로 모든 것을 하려는 생각을 하지 않는 것이 중요하다. 언제나 안전을 최우선으로 생각하고 전문가에게 맡길 수밖에 없는 중요한 부분은 맡긴다는 생각을 가지고, 어디까지나 '즐길 수 있는' 범위 내에서 자기 나름의 DIY 실행 방법을 찾아보는 것이 좋다.

※ 권두 페이지(6~11p) 및 이 장에서는 정확한 사진 표현을 위해 작업자가 헬멧을 착용하지 않았다. 실제 작업을 할 때는 반드시 헬멧을 써야한다.

산 쪽을 향해 운반물을 달아 올린다.

경사진 장소에 정차하고 작업을 할 수밖에 없을 때도 있다. 이런 경우 반드시 달아 올린 운반물이 높은 쪽을 향하도록 할 것. 낮은 쪽을 향했을 경우 전도되었을 때 큰 사고로 이어진다. 낮은 쪽의 아우트리거에는 침목을 받쳐 차량을 안정시킨다.

개인이 사용하기 적합한
미니 굴삭기 카탈로그

중량 6톤 미만의 굴삭기를 미니 굴삭기라고 부르지만, 3톤이 넘는 굴삭기는 '미니'라고 하기에는 조금 부담스러울 정도의 크기인 게 사실이다. 개인이 쉽게 사용하기에는 3톤 내외에서 1톤 미만의 초미니까지의 굴삭기가 적합하다.
하지만 조금 큰 규모의 일을 할 때는 6톤 미만의 굴삭기도 필요하기 때문에 6톤 정도까지의 굴삭기는 알아 둘 필요가 있다.
현재 한국과 일본에서 생산, 유통되는 장비 중량 6톤 미만의 미니 굴삭기의 브랜드별 제품들을 모아 보았다.
장비 중량이나 출력, 버켓 용량, 굴삭 깊이 등 기본적인 사양에 대한 정보를 정리했으니 구입이나 렌탈을 할 때 참고하기 바란다.

(게재된 제품의 명칭, 사양 등의 정보는 일본 제품은 2010년 11월, 한국 제품은 2015년 10월 기준이다.
예고없이 변경이 될 수 있기 때문에 구입을 검토하는 경우에는 각 회사의 홈페이지나 판매점 등에서 정확하게 확인하기 바란다.)

![HYUNDAI HEAVY INDUSTRIES]

HW60
장비 중량(kg) : 5,810
버켓 용량(m³) : 0.18
정격 출력(ps/rpm) : 67.8/2,400
자체폭(mm) : 1,925
최대 굴삭 깊이(mm) : 3,500

HX60
장비 중량(kg) : 5,760
버켓 용량(m³) : 0.18
정격 출력(ps/rpm) : 67.8/2,400
자체폭(mm) : 1,920
최대 굴삭 깊이(mm) : 3,820

R35ZA
장비 중량(캐빈/캐노피, kg) : 3,690/3,550
버켓 용량(m³) : 0.11
정격 출력(ps/rpm) : 24.7/2,200
자체폭(mm) : 1,740
최대 굴삭 깊이(mm) : 3,135

R30ZA

장비 중량(캐빈/캐노피, kg) : 3,095
버켓 용량(m³) : 0.09
정격 출력(ps/rpm) : 24.7/2,200
자체폭(mm) : 1,550
최대 굴삭 깊이(mm) : 3,035

R25ZA

장비 중량(캐빈/캐노피, kg) : 2,580/2,430
버켓 용량(m³) : 0.07
정격 출력(ps/rpm) : 24.8/2,400
자체폭(mm) : 1,500
최대 굴삭 깊이(mm) : 2,420

R17ZA

장비 중량(캐빈/캐노피, kg) : 1,700
버켓 용량(m³) : 0.04
정격 출력(ps/rpm) : 16.3/2,400
자체폭(mm) : 900~1,300
최대 굴삭 깊이(mm) : 2,200

DX55W-5
장비 중량(kg) : 5,920
버켓 용량(m³) : 0.175
정격 출력(ps/rpm) : 57.8 / 2,400
자체폭(mm) : 1,920
최대 굴삭 깊이(mm) : 3,640

DX55-5
장비 중량(kg) : 5,760
버켓 용량(m³) : 0.175
정격 출력(ps/rpm) : 52.9/2,100
자체폭(mm) : 1,955
최대 굴삭 깊이(mm) : 3,960

E35
장비 중량(kg) : 3,349
버켓 용량(m³) : 0.09
정격 출력(ps/rpm) : 31.4/2,400

E20
장비 중량(kg) : 1,930
버켓 용량(m³) : 0.058
정격 출력(ps/rpm) : 13.5/2,000

E08
장비 중량(kg) : 998
버켓 용량(m³) : 0.007
정격 출력(ps/rpm) : 10.1/2000

IHI

35VX

장비 중량(kg) : 3,330
버켓 용량(m³) : 0.11
정격 출력(kW/min⁻¹) : 20.3/2,300
차체폭(mm) : 1,520~1,800
최대 굴삭 깊이(mm) : 3,150

55VX

장비 중량(kg) : 4,850
버켓 용량(m³) : 0.16
정격 출력(kW/min⁻¹) : 27.3/2,300
차체폭(mm) : 1,990
최대 굴삭 깊이(mm) : 3,800

15VX

장비 중량(kg) : 1,550
버켓 용량(m³) : 0.044
정격 출력(kW/min⁻¹) : 10.5/2,300
차체폭(mm) : 960~1,280
최대 굴삭 깊이(mm) : 2,100

8VX

장비 중량(kg) : 890
버켓 용량(m³) : 0.022
정격 출력(kW/min⁻¹) : 7.3/2,400
차체폭(mm) : 700~950
최대 굴삭 깊이(mm) : 1,570

45VX

장비 중량(kg) : 4,650
버켓 용량(m³) : 0.14
정격 출력(kW/min⁻¹) : 27.3/2,300
차체폭(mm) : 1,990
최대 굴삭 깊이(mm) : 3,600

30VX

장비 중량(kg) : 3,000
버켓 용량(m³) : 0.09
정격 출력(kW/min⁻¹) : 17.8/2,300
차체폭(mm) : 1,550
최대 굴삭 깊이(mm) : 2,900

40VX

장비 중량(kg) : 4,330
버켓 용량(m³) : 0.13
정격 출력(kW/min⁻¹) : 28.3/2,400
차체폭(mm) : 1,950
최대 굴삭 깊이(mm) : 3,400

25VX

장비 중량(kg) : 2,580
버켓 용량(m³) : 0.08
정격 출력(kW/min⁻¹) : 13.5/2,300
차체폭(mm) : 1,550
최대 굴삭 깊이(mm) : 2,520

20VX

장비 중량(kg) : 2,010
버켓 용량(m³) : 0.07
정격 출력(kW/min⁻¹) : 13.0/2,200
차체폭(mm) : 1,500
최대 굴삭 깊이(mm) : 2,250

50VZ
장비 중량(kg) : 5,400
버켓 용량(m³) : 0.20
정격 출력(kW/min⁻¹) : 28.3/2,400
차체폭(mm) : 1,990
최대 굴삭 깊이(mm) : 4,100

40VZ
장비 중량(kg) : 3,500
버켓 용량(m³) : 0.11
정격 출력(kW/min⁻¹) : 20.3/2,300
차체폭(mm) : 1,740
최대 굴삭 깊이(mm) : 3,250

30VZ
장비 중량(kg) : 2,980
버켓 용량(m³) : 0.09
정격 출력(kW/min⁻¹) : 17.8/2,200
차체폭(mm) : 1,550
최대 굴삭 깊이(mm) : 2,900

20VZ
장비 중량(kg) : 1,880
버켓 용량(m³) : 0.055
정격 출력(kW/min⁻¹) : 14.3/2,400
차체폭(mm) : 1,220-1,420
최대 굴삭 깊이(mm) : 2,250

10VZ
장비 중량(kg) : 1,200
버켓 용량(m³) : 0.022
정격 출력(kW/min⁻¹) : 7.2/2,800
차체폭(mm) : 1,000-1,200
최대 굴삭 깊이(mm) : 1,890

CATERPILLAR ®

305.5D CR
장비 중량(kg) : 5,240
버켓 용량(m³) : 0.16
정격 출력(kW/min⁻¹) : 35.0/2,400
차체폭(mm) : 1,980
최대 굴삭 깊이(mm) : 3,810

305D CR
장비 중량(kg) : 4,810
버켓 용량(m³) : 0.16
정격 출력(kW/min⁻¹) : 31.0/2,400
차체폭(mm) : 1,980
최대 굴삭 깊이(mm) : 3,530

304C CR
장비 중량(kg) : 4,790
버켓 용량(m³) : 0.14
정격 출력(kW/min⁻¹) : 31.0/2,400
차체폭(mm) : 1,980
최대 굴삭 깊이(mm) : 3,350

303.5C CR
장비 중량(kg) : 3,550
버켓 용량(m³) : 0.11
정격 출력(kW/min⁻¹) : 29.0/2,400
차체폭(mm) : 1,780
최대 굴삭 깊이(mm) : 3,170

303C CR
장비 중량(kg) : 3,070
버켓 용량(m³) : 0.09
정격 출력(kW/min⁻¹) : 22.0/2,300
차체폭(mm) : 1,550
최대 굴삭 깊이(mm) : 2,930

017 CR
장비 중량(kg) : 1,620
버켓 용량(m³) : 0.04
정격 출력(kW/min⁻¹) : 11.8/2,300
차체폭(mm) : 990
최대 굴삭 깊이(mm) : 2,310

302C CR
장비 중량(kg) : 2,050
버켓 용량(m³) : 0.066
정격 출력(kW/min⁻¹) : 13.5/2,400
차체폭(mm) : 1,450
최대 굴삭 깊이(mm) : 2,320

010 CR
장비 중량(kg) : 980
버켓 용량(m³) : 0.022
정격 출력(kW/min⁻¹) : 7.4/2,050
차체폭(mm) : 750~990
최대 굴삭 깊이(mm) : 1,800

303C SR
장비 중량(kg) : 2,990
버켓 용량(m³) : 0.09
정격 출력(kW/min⁻¹) : 22.0/2,300
차체폭(mm) : 1,550
최대 굴삭 깊이(mm) : 2,900

305C SR
장비 중량(kg) : 5,250
버켓 용량(m³) : 0.22
정격 출력(kW/min⁻¹) : 31.0/2,400
차체폭(mm) : 2,000
최대 굴삭 깊이(mm) : 4,000

008 CR
장비 중량(kg) : 890
버켓 용량(m³) : 0.018
정격 출력(kW/min⁻¹) : 7.4/2,050
차체폭(mm) : 700~860
최대 굴삭 깊이(mm) : 1,600

302C CR
장비 중량(kg) : 1.990
버켓 용량(m³) : 0.066
정격 출력(kW/min⁻¹) : 13.5/2,400
차체폭(mm) : 1,450
최대 굴삭 깊이(mm) : 2,300

304C SR
장비 중량(kg) : 3,600
버켓 용량(m³) : 0.11
정격 출력(kW/min⁻¹) : 24.5/2,300
차체폭(mm) : 1,780
최대 굴삭 깊이(mm) : 3,250

005
장비 중량(kg) : 500
버켓 용량(m³) : 0.011
정격 출력(kW/min⁻¹) : 3.5/2,500
차체폭(mm) : 690
최대 굴삭 깊이(mm) : 1,305

Kubota

U-55-6

장비 중량(kg) : 5,290
버켓 용량(m³) : 0.16
정격 출력(kW/min⁻¹) : 35.2/2,200
차체폭(mm) : 1,960
최대 굴삭 깊이(mm) : 3,630

U-40-6

장비 중량(kg) : 4,600
버켓 용량(m³) : 0.14
정격 출력(kW/min⁻¹) : 31.2/2,200
차체폭(mm) : 1,960
최대 굴삭 깊이(mm) : 3,385

K-035-5

장비 중량(kg) : 3,200
버켓 용량(m³) : 0.11
정격 출력(kW/min⁻¹) : 21.0/2,250
차체폭(mm) : 1,550
최대 굴삭 깊이(mm) : 3,180

U-35-5

장비 중량(kg) : 3,360
버켓 용량(m³) : 0.11
정격 출력(kW/min⁻¹) : 21.0/2,250
차체폭(mm) : 1,700
최대 굴삭 깊이(mm) : 3,135

U-30-5

장비 중량(kg) : 3,050
버켓 용량(m³) : 0.09
정격 출력(kW/min⁻¹) : 20.2/2,150
차체폭(mm) : 1,550
최대 굴삭 깊이(mm) : 2,880

U-20-3S

장비 중량(kg) : 2,030
버켓 용량(m³) : 0.066
정격 출력(kW/min⁻¹) : 14.0/2,200
차체폭(mm) : 1,400
최대 굴삭 깊이(mm) : 2,320

U-17

장비 중량(kg) : 1,650
버켓 용량(m³) : 0.04
정격 출력(kW/min⁻¹) : 11.8/2,300
차체폭(mm) : 990~1,240
최대 굴삭 깊이(mm) : 2,310

U-25-3S

장비 중량(kg) : 2,550
버켓 용량(m³) : 0.08
정격 출력(kW/min⁻¹) : 15.5/2,400
차체폭(mm) : 1,500
최대 굴삭 깊이(mm) : 2,550

RX-505

장비 중량(kg) : 5,250
버켓 용량(m³) : 0.22
정격 출력(kW/min⁻¹) : 28.8/2,250
차체폭(mm) : 2,000
최대 굴삭 깊이(mm) : 4,035

RX-406

장비 중량(kg) : 3,730
버켓 용량(m³) : 0.11
정격 출력(kW/min⁻¹) : 21.2/2,200
차체폭(mm) : 1,700
최대 굴삭 깊이(mm) : 3,300

RX-306
장비 중량(kg) : 3,120
버켓 용량(m³) : 0.09
정격 출력(kW/min⁻¹) : 21.0/2,200
차체폭(mm) : 1,550
최대 굴삭 깊이(mm) : 2,960

RX-203S
장비 중량(kg) : 1,990
버켓 용량(m³) : 0.06
정격 출력(kW/min⁻¹) : 14.0/2,200
차체폭(mm) : 1,400
최대 굴삭 깊이(mm) : 2,210

RX-153S
장비 중량(kg) : 1,530
버켓 용량(m³) : 0.036
정격 출력(kW/min⁻¹) : 8.8/2,100
차체폭(mm) : 990~1,240
최대 굴삭 깊이(mm) : 1,935

U-10-3
장비 중량(kg) : 980
버켓 용량(m³) : 0.022
정격 출력(kW/min⁻¹) : 7.4/2,050
차체폭(mm) : 750~990
최대 굴삭 깊이(mm) : 1,800

U-008
장비 중량(kg) : 890
버켓 용량(m³) : 0.018
정격 출력(kW/min⁻¹) : 7.4/2,050
차체폭(mm) : 700~860
최대 굴삭 깊이(mm) : 1,600

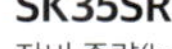

K-005-3
장비 중량(kg) : 500
버켓 용량(m³) : 0.011
정격 출력(kW/min⁻¹) : 3.5/2,500
차체폭(mm) : 690
최대 굴삭 깊이(mm) : 1,305

KOBELCO

SK50SR
장비 중량(kg) : 4,630
버켓 용량(m³) : 0.16
정격 출력(kW/min⁻¹) : 29.3/2,400
차체폭(mm) : 1,960
최대 굴삭 깊이(mm) : 3,590

SK40SR
장비 중량(kg) : 4,250
버켓 용량(m³) : 0.14
정격 출력(kW/min⁻¹) : 29.3/2,400
차체폭(mm) : 1,960
최대 굴삭 깊이(mm) : 3,390

SK35SR
장비 중량(kg) : 3,580
버켓 용량(m³) : 0.11
정격 출력(kW/min⁻¹) : 21.2/2,400
차체폭(mm) : 1,700
최대 굴삭 깊이(mm) : 3,080

SK30SR 스마트

장비 중량(kg) : 2,950
버켓 용량(m³) : 0.09
정격 출력(kW/min⁻¹) : 17.1/2,400
차체폭(mm) : 1,550
최대 굴삭 깊이(mm) : 2,540

SK30SR

장비 중량(kg) : 3,200
버켓 용량(m³) : 0.09
정격 출력(kW/min⁻¹) : 21.2/2,400
차체폭(mm) : 1,550
최대 굴삭 깊이(mm) : 2,810

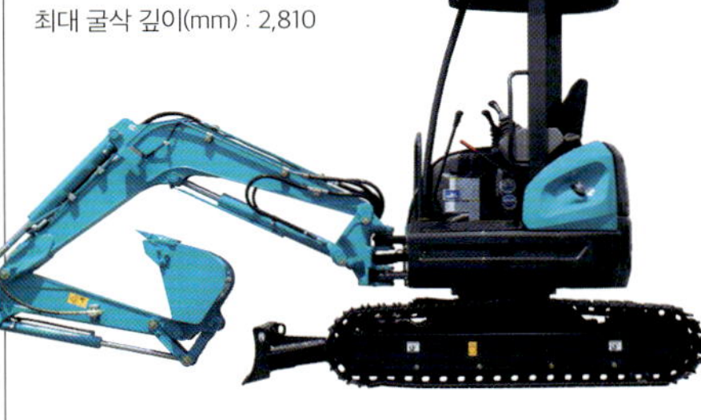

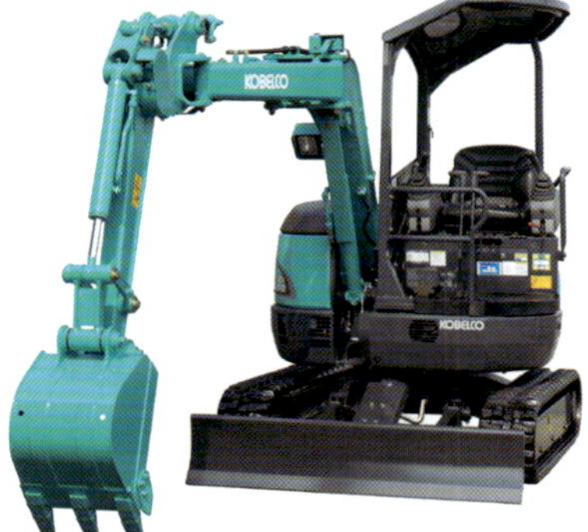

SK20UR

장비 중량(kg) : 2,000
버켓 용량(m³) : 0.066
정격 출력(kW/min⁻¹) : 11.3/2,200
차체폭(mm) : 1,450
최대 굴삭 깊이(mm) : 2,210

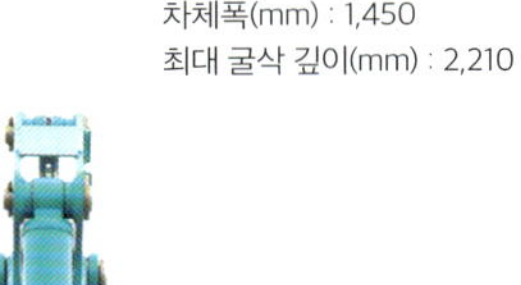
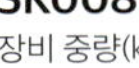

SK008

장비 중량(kg) : 890
버켓 용량(m³) : 0.022
정격 출력(kW/min⁻¹) : 7.7/2,400
차체폭(mm) : 680-840
최대 굴삭 깊이(mm) : 1,500

SK20SR

장비 중량(kg) : 2,150
버켓 용량(m³) : 0.066
정격 출력(kW/min⁻¹) : 15.9/2,200
차체폭(mm) : 1,400
최대 굴삭 깊이(mm) : 2,300

SK10SR

장비 중량(kg) : 990
버켓 용량(m³) : 0.022
정격 출력(kW/min⁻¹) : 5.9/2,000
차체폭(mm) : 750-980
최대 굴삭 깊이(mm) : 1,750

SK005

장비 중량(kg) : 550
버켓 용량(m³) : 0.011
정격 출력(kW/min⁻¹) : 5.6/2,000
차체폭(mm) : 580
최대 굴삭 깊이(mm) : 1,200

SK17SR

장비 중량(kg) : 1,620
버켓 용량(m³) : 0.044
정격 출력(kW/min⁻¹) : 11.3/2,200
차체폭(mm) : 990-1,320
최대 굴삭 깊이(mm) : 2,150

KOMATSU

PC35MR-3
장비 중량(kg) : 3,500
버켓 용량(m³) : 0.11
정격 출력(kW/min⁻¹) : 21.4/2,400
차체폭(mm) : 1,740
최대 굴삭 깊이(mm) : 3,110

PC30MR-3
장비 중량(kg) : 2,910
버켓 용량(m³) : 0.09
정격 출력(kW/min⁻¹) : 21.4/2,400
차체폭(mm) : 1,550
최대 굴삭 깊이(mm) : 2,760

이 밖에 MR 시리즈는
PC55MR-3 (장비 중량 4,800),
PC40MR-3 (장비 중량 3,915),
PC20MR-3 (장비 중량 1,965),
PC18MR-3 (장비 중량 1,680),
PC10MR-2 (장비 중량 1,030)가 있음.

PC38UU-5
장비 중량(kg) : 3,640
버켓 용량(m³) : 0.11
정격 출력(kW/min⁻¹) : 21.5/2,400
차체폭(mm) : 1,740
최대 굴삭 깊이(mm) : 3,240

PC05-1
장비 중량(kg) : 500
버켓 용량(m³) : 0.011
정격 출력(kW/min⁻¹) : 3.5/2,250
차체폭(mm) : 690
최대 굴삭 깊이(mm) : 1,300

PC30UU-5
장비 중량(kg) : 2,900
버켓 용량(m³) : 0.09
정격 출력(kW/min⁻¹) : 21.5/2,400
차체폭(mm) : 1,550
최대 굴삭 깊이(mm) : 2,900

이 밖에 UU 시리즈는
PC58UU-5 (장비 중량 5,180),
PC20UU-5 (장비 중량 1,960),
PC10UU-5 (장비 중량 1,080)이 있음.

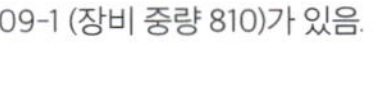

PC01-1
장비 중량(kg) : 300
버켓 용량(m³) : 0.008
정격 출력(kW/min⁻¹) : 2.6/3,000
차체폭(mm) : 580
최대 굴삭 깊이(mm) : 1,050

이 밖에 마이크로 굴삭기 시리즈는
PC09-1 (장비 중량 810)가 있음.

7AKEUCHI

TB153FR
장비 중량(kg) : 5,650
버켓 용량(m³) : 0.141
정격 출력(kW/min⁻¹) : 28.8/2,400
차체폭(mm) : 2,000
최대 굴삭 깊이(mm) : 3,590

TB128FR
장비 중량(kg) : 3,335
버켓 용량(m³) : 0.068
정격 출력(kW/mi⁻¹) : 17.5/2,400
차체폭(mm) : 1,560
최대 굴삭 깊이(mm) : 2,575

TB250
장비 중량(kg) : 4,890
버켓 용량(m³) : 0.141
정격 출력(kW/min⁻¹) : 28.4/2,400
차체폭(mm) : 1,840
최대 굴삭 깊이(mm) : 3,475

TB235
장비 중량(kg) : 3,530
버켓 용량(m³) : 0.105
정격 출력(kW/min⁻¹) : 21.5/2,400
차체폭(mm) : 1,630
최대 굴삭 깊이(mm) : 3,090

TB23R
장비 중량(kg) : 2,600
버켓 용량(m³) : 0.064
정격 출력(kW/min⁻¹) : 13.9/2,300
차체폭(mm) : 1,400
최대 굴삭 깊이(mm) : 2,560

TB138FR
장비 중량(kg) : 3,860
버켓 용량(m³) : 0.105
정격 출력(kW/min⁻¹) : 21.3/2,400
차체폭(mm) : 1,740
최대 굴삭 깊이(mm) : 3,110

TB228
장비 중량(kg) : 2,810
버켓 용량(m³) : 0.068
정격 출력(kW/min⁻¹) : 17.5/2,400
차체폭(mm) : 1,450
최대 굴삭 깊이(mm) : 2,565

TB219

장비 중량(kg) : 1,870
버켓 용량(m³) : 0.046
정격 출력(kW/min⁻¹) : 11.5/2,500
차체폭(mm) : 980-1,370
최대 굴삭 깊이(mm) : 2,270

TB016

장비 중량(kg) : 1,500
버켓 용량(m³) : 0.038
정격 출력(kW/min⁻¹) : 10.1/2,200
차체폭(mm) : 980-1,300
최대 굴삭 깊이(mm) : 2,175

TB014

장비 중량(kg) : 1,410
버켓 용량(m³) : 0.038
정격 출력(kW/min⁻¹) : 9.0/2,200
차체폭(mm) : 980
최대 굴삭 깊이(mm) : 1,925

TB108

장비 중량(kg) : 810
버켓 용량(m³) : 0.018
정격 출력(kW/min⁻¹) : 7.1/2,400
차체폭(mm) : 680-900
최대 굴삭 깊이(mm) : 1,530

HITACHI

ZX50U-3

장비 중량(kg) : 4,980
버켓 용량(m³) : 0.16
정격 출력(kW/min⁻¹) : 28.4/2,400
차체폭(mm) : 2,000
최대 굴삭 깊이(mm) : 3,550

ZX40U-3

장비 중량(kg) : 4,650
버켓 용량(m³) : 0.14
정격 출력(kW/min⁻¹) : 28.4/2,400
차체폭(mm) : 1,960
최대 굴삭 깊이(mm) : 3,340

ZX35U-3

장비 중량(kg) : 3,440
버켓 용량(m³) : 0.11
정격 출력(kW/min⁻¹) : 21.3/2,400
차체폭(mm) : 1,740
최대 굴삭 깊이(mm) : 3,050

ZX30U-3

장비 중량(kg) : 3,170
버켓 용량(m³) : 0.09
정격 출력(kW/min⁻¹) : 21.3/2,400
차체폭(mm) : 1,550
최대 굴삭 깊이(mm) : 2,780

ZX27U-3

장비 중량(kg) : 2,760
버켓 용량(m³) : 0.08
정격 출력(kW/min⁻¹) : 19.7/2,200
차체폭(mm) : 1,550
최대 굴삭 깊이(mm) : 2,200

ZX22U-2

장비 중량(kg) : 2,130
버켓 용량(m³) : 0.07
정격 출력(kW/min⁻¹) : 14.6/2,400
차체폭(mm) : 1,450
최대 굴삭 깊이(mm) : 2,320

ZX55UR-3

장비 중량(kg) : 5,300
버켓 용량(m³) : 0.22
정격 출력(kW/min⁻¹) : 33.1/2,400
차체폭(mm) : 2,000
최대 굴삭 깊이(mm) : 4,020

ZX20U

장비 중량(kg) : 1,990
버켓 용량(m³) : 0.066
정격 출력(kW/min⁻¹) : 14 0/2,200
차체폭(mm) : 1,450
최대 굴삭 깊이(mm) : 2,350

ZX40UR-3

장비 중량(kg) : 3,600
버켓 용량(m³) : 0.11
정격 출력(kW/min⁻¹) : 22.3/2,500
차체폭(mm) : 1,740
최대 굴삭 깊이(mm) : 3,240

ZX17U-2

장비 중량(kg) : 1,770
버켓 용량(m³) : 0.044
정격 출력(kW/min⁻¹) : 11.0/2,400
차체폭(mm) : 980~1,280
최대 굴삭 깊이(mm) : 2,170

ZX10U-2

장비 중량(kg) : 980
버켓 용량(m³) : 0.022
정격 출력(kW/min⁻¹) : 9.5/2,100
차체폭(mm) : 780~1,000
최대 굴삭 깊이(mm) : 1,780

ZX30UR-3

장비 중량(kg) : 2,990
버켓 용량(m³) : 0.09
정격 출력(kW/min⁻¹) : 19.7/2,200
차체폭(mm) : 1,550
최대 굴삭 깊이(mm) : 2,860

ZX8U-2

장비 중량(kg) : 890
버켓 용량(m³) : 0.022
정격 출력(kW/min⁻¹) : 9.5/2,100
차체폭(mm) : 740~910
최대 굴삭 깊이(mm) : 1,600

ZX20UR
장비 중량(kg) : 1,990
버켓 용량(m³) : 0.066
정격 출력(kW/min⁻¹) : 14.0/2,200
차체폭(mm) : 1,450
최대 굴삭 깊이(mm) : 2,250

ZX15UR
장비 중량(kg) : 1,530
버켓 용량(m³) : 0.036
정격 출력(kW/min⁻¹) : 8.8/2,100
차체폭(mm) : 990-1,240
최대 굴삭 깊이(mm) : 1,935

ZX14-3
장비 중량(kg) : 1,385
버켓 용량(m³) : 0.044
정격 출력(kW/min⁻¹) : 10.7/2,400
차체폭(mm) : 1,040
최대 굴삭 깊이(mm) : 1,930

YANMAR

ViO50
장비 중량(kg) : 4,870
버켓 용량(m³) : 0.16
정격 출력(kW/min⁻¹) : 28.8/2,400
차체폭(mm) : 1,970
최대 굴삭 깊이(mm) : 3,800

ViO40
장비 중량(kg) : 4,270
버켓 용량(m³) : 0.14
정격 출력(kW/min⁻¹) : 28.8/2,400
차체폭(mm) : 1,970
최대 굴삭 깊이(mm) : 3,500

ViO35
장비 중량(kg) : 3,450
버켓 용량(m³) : 0.11
정격 출력(kW/min⁻¹) : 20.9/2,300
차체폭(mm) : 1,550
최대 굴삭 깊이(mm) : 3,150

ViO30
장비 중량(kg) : 3,140
버켓 용량(m³) : 0.1
정격 출력(kW/min⁻¹) : 18.1/2,500
차체폭(mm) : 1,550
최대 굴삭 깊이(mm) : 2,800

ViO27
장비 중량(kg) : 2,850
버켓 용량(m³) : 0.08
정격 출력(kW/min⁻¹) : 16.1/2,200
차체폭(mm) : 1,550
최대 굴삭 깊이(mm) : 2,600

ViO17
장비 중량(kg) : 1,620
버켓 용량(m³) : 0.05
정격 출력(kW/min⁻¹) : 10.1/2,200
차체폭(mm) : 950-1,280
최대 굴삭 깊이(mm) : 2,200

ViO10
장비 중량(kg) : 990
버켓 용량(m³) : 0.028
정격 출력(kW/min⁻¹) : 9.2/2,000
차체폭(mm) : 830-1,000
최대 굴삭 깊이(mm) : 1,800

ViO20

장비 중량(kg) : 1,990
버킷 용량(m³) : 0.066
정격 출력(kW/min⁻¹) : 14.3/2,400
차체폭(mm) : 1,380
최대 굴삭 깊이(mm) : 2,300

09JUST

장비 중량(kg) : 980
버킷 용량(m³) : 0.022
정격 출력(kW/min⁻¹) : 7.7/2,400
차체폭(mm) : 680-840
최대 굴삭 깊이(mm) : 1,650

B3Σ

장비 중량(kg) : 3,300
버킷 용량(m³) : 0.08
정격 출력(kW/min⁻¹) : 18.1/2,500
차체폭(mm) : 1,550
최대 굴삭 깊이(mm) : 2,900

SV08

장비 중량(kg) : 890
버킷 용량(m³) : 0.022
정격 출력(kW/min⁻¹) : 7.7/2,400
차체폭(mm) : 680-840
최대 굴삭 깊이(mm) : 1,500

B6Σ

장비 중량(kg) : 5,450
버킷 용량(m³) : 0.20
정격 출력(kW/min⁻¹) : 28.8/2,400
차체폭(mm) : 1,970
최대 굴삭 깊이(mm) : 4,050

B4Σ

장비 중량(kg) : 3,800
버킷 용량(m³) : 0.11
정격 출력(kW/min⁻¹) : 20.9/2,300
차체폭(mm) : 1,740
최대 굴삭 깊이(mm) : 3,200

B2Σ

장비 중량(kg) : 1,980
버킷 용량(m³) : 0.066
정격 출력(kW/min⁻¹) : 14.3/2,400
차체폭(mm) : 1,380
최대 굴삭 깊이(mm) : 2,270

SV05

장비 중량(kg) : 550
버킷 용량(m³) : 0.011
정격 출력(kW/min⁻¹) : 5.5/2,000
차체폭(mm) : 580
최대 굴삭 깊이(mm) : 1,200